Vergleich

zwischen den verschiedenen Betriebsarten

von

SCHLEUSENANLAGEN.

———

Von

Dr.-Ing. Willy Giller.

——

Mit 38 in den Text gedruckten Abbildungen und 6 Tafeln.

München und Berlin.

Druck und Verlag von R. Oldenbourg.

1904.

Inhaltsverzeichnis.

1*

Verzeichnis der Tafeln.

Literaturquellen.

FÜLSCHER: Der Bau des Kaiser-Wilhelm-Kanals; Zeitschrift für Bauwesen; Jahrg. 1896, 1897, 1898.

ARNOLD: Die Hotoppschen Betriebseinrichtungen; Zeitschrift des Vereins deutscher Ingenieure, 1899.

RUDOLPH: Der Dortmund-Ems-Kanal; Zeitschrift des Vereins deutscher Ingenieure, 1901.

TISCHENDÖRFER: Der elektrische Betrieb der Schleuse bei Ymuiden; Zeitschrift des Vereins deutscher Ingenieure, 1898.

Der Elbe-Trave-Kanal; Zeitschrift des Vereis deutscher Ingenieure, 1900.

I. Kapitel.

Die verschiedenen Betriebssysteme.

Für den Betrieb von Schiffschleusen kommen, abgesehen vom ausschliefslichen Handbetrieb, drei verschiedene Systeme in Betracht, und zwar:

1. Der hydraulische Betrieb,
2. der pneumatische Betrieb (System Hotopp),
3. der elektrische Betrieb.

Diese drei Betriebssysteme sollen in den folgenden Kapiteln an der Hand von ausgeführten Anlagen der Reihe nach betrachtet und in den letzten Kapiteln in Bezug auf ihre technischen Eigenschaften, sowie ihre Anschaffungs- und Betriebskosten einander gegenüber gestellt werden. Auf Schleusenanlagen, die nur Handbetrieb haben, soll in dieser Schrift nicht eingegangen werden, da man bei heute zu bauenden Anlagen von einiger Bedeutung nur zwischen den drei oben angegebenen Systemen wählen und den Handbetrieb nur als Reserve für Notfälle vorsehen wird.

Im V. Kapitel werden kurz einige in letzter Zeit gebaute bzw. zurzeit noch im Bau befindliche Schleusenanlagen beschrieben, die zum Teil nach dem Hotoppschen System ausgebildet, zum Teil mit elektrischem Betrieb versehen worden sind. Die hierfür in Betracht kommenden Anlagen sind die Schleuse bei Klein-Machnow des Teltow-Kanals und die neuen Schleusen bei Kersdorf und Wernsdorf des Oder-Spree-Kanals, deren mechanische Einrichtungen vom Verfasser entworfen und auch gröfstenteils von ihm ausgeführt worden sind. Bei diesen drei Schleusenanlagen sind die Umlaufkanäle mit Hotoppschen Hebern ausgerüstet; die Tore dagegen werden durch elektrisch betriebene Winden bewegt.

II. Kapitel.

Der hydraulische Betrieb.

1. Der Kaiser-Wilhelm-Kanal und allgemeine Beschreibung der Schleuse bei Brunsbüttel.

Zur Besprechung des Druckwasserbetriebs, welcher, bevor man zur Anordnung des elektrischen Betriebs überging, bei gröfseren Schleusenanlagen allgemein zur Anwendung kam, soll die Brunsbütteler Schleuse des im Jahre 1895 eröffneten Kaiser-Wilhelm-Kanals betrachtet werden.

An der westlichen Mündung des Kanals unterliegen die Wasserstände dem regelmäfsigen Wechsel der Nordseeflut und -ebbe, an der östlichen Mündung dagegen macht sich ein regelmäfsiger Flutwechsel nicht bemerkbar. Der Kanal besitzt bei einer geringsten Wassertiefe von ca. 8,50 m eine Sohlbreite von 22 m. In ziemlich gleichen Abständen von ca. 12 km sind 7 Ausweichstellen von je 450 m Länge bei 60 m Sohlbreite angeordnet.

Die den Kanal mit der Nordsee verbindende Schleuse bei Brunsbüttel, welche in Fig. 1 und 2, Tafel I, im Längsschnitt und Grundrifs dargestellt ist, mufs denselben sowohl gegen den Flutwasserstand, als auch gegen den Ebbewasserstand der Elbmündung abschliefsen. Dementsprechend sind sowohl das Aufsen- als auch das Binnenhaupt mit doppelten Torpaaren ausgerüstet, den gegen das Hochwasser der Elbe wirkenden Fluttoren und den während der Ebbe den Kanalwasserstand haltenden Ebbetoren. Aufserdem sind die Schleusenkammern in der Mitte mit Sperrtoren versehen, welche den Zweck haben, den Abschlufs der Schleuse bei durchgehender Strömung einzuleiten.

Die Schleusenanlage bei Brunsbüttel (wie auch die bei Holtenau) besitzt zwei nebeneinander liegende Schleusenkammern mit einer lichten Weite von je 25 m und einer nutzbaren Länge von je 150 m. Die Wassertiefe über den Aufsenhauptdrempeln beträgt in Brunsbüttel bei mittlerem Niedrigwasser der Elbe 8,6 m, bei mittlerem Hochwasser 11,5 m. Die zum Füllen und Entleeren der Schleusenkammer dienenden Umlaufkanäle haben einen Querschnitt von ca. 7,60 qm. Jeder Umlaufkanal ist mit hölzernen Schützen, an jedem Ende ein Flut- und ein Ebbeschütz, versehen. Die gesamte Schleusenanlage in Brunsbüttel ist mit 18 Spillen ausgerüstet, von denen sich acht auf der Mittelmauer und fünf auf jeder Seitenmauer befinden.

Die für den Betrieb der Tore, Schütze und Spille dienenden Einrichtungen befinden sich in grofsen Maschinenkammern, welche im oberen Teil der Schleusenmauern ausgespart und, um auch bei Frostwetter den Betrieb aufrecht erhalten zu können, mit Heizkörpern ausgerüstet sind.

2. Die Maschinenanlage zur Erzeugung des Druckwassers.

Das für den Schleusenbetrieb erforderliche Druckwasser von ca. 50 Atm. Pressung wird in einer auf der Südseite des Binnenhauptes gelegenen Maschinenanlage erzeugt. Dieselbe umfafst ein Kesselhaus, ein Pumpenhaus, ein Akkumulatorengebäude und ein Dynamomaschinenhaus.

Das Kesselhaus enthält fünf Zweiflammrohrkessel mit Oberkessel, von denen im Sommer zwei, im Winter drei für den normalen Betrieb genügen. Jeder Kessel besitzt 70 qm Heizfläche und liefert Dampf von 6 bis 6,5 Atm. Spannung. In dem an das Kesselhaus anstofsenden Pumpenraume befinden sich drei Prefspumpmaschinen von je 150 PS Leistung bei 15% Füllung. Jede Prefspumpe liefert bei 35 Umdrehungen in der Minute 600 l Druckwasser von ca. 56 Atm. Spannung. Die Umdrehungszahl der Maschinen kann bis $n = 70$ pro Minute gesteigert werden.

Mit dem Pumpenhause steht der Akkumulatorenraum, in dem sich zwei miteinander verbundene Druckwassersammler von je 565 l Inhalt befinden, in direkter Verbindung. Das in den Arbeitsmaschinen der Schleuse benutzte Druckwasser fliefst in zwei oberhalb der Akkumulatoren montierte Reservoirs, aus denen die Prefspumpen das Wasser nehmen, zurück. Zur Ergänzung des Wasserverlustes ist an jede Zwillingspumpmaschine eine Speisepumpe gekuppelt.

Die im Maschinenhause befindliche elektrische Anlage besitzt zwei langsam laufende Wechselstromdynamomaschinen zur Beleuchtung des Kanals und der Schleuse mit einer Leistung von je 100 KW und eine kleinere Gleichstromdynamomaschine zur Beleuchtung der Maschinenkammern. Die Spannung des Stromes an den Maschinenklemmen der Wechselstromdynamomaschinen beträgt 2000 Volt.

3. Die maschinellen Einrichtungen für den Betrieb der Tore, Spille und Schütze.

Die Fluttorflügel haben eine Höhe von 15,70 m und eine Breite von 14,10 m. Die Höhe der Ebbetorflügel beträgt 11,05 m, ihre Breite ebenfalls 14,10 m. Zur Dichtung der Tore an der Wendesäule, Schlagsäule und am Drempel sind dieselben mit eichenen Dichtungsleisten versehen. Die Torflügel werden durch kräftige Zahnstangen bewegt, welche in einem Radius $r = 7,10$ m von der Drehachse entfernt mittels eines Gelenkes am Tor angreifen.

Die Schütztafeln bestehen aus eichenen Balken, die mittels Nut und Feder miteinander verbunden sind und durch starke eiserne Bolzen zusammengehalten werden. Auf der Rückseite der Schütztafeln befindet sich eine Zahnstange (Fig. 1 und 2, Tafel II), in welche ein Stirnrad des Antriebräderwerkes eingreift.

Die zum Verholen der Schiffe dienenden Spille haben dreifache Abstufung für Zugkraft und Seilgeschwindigkeit. Die maximale Zugkraft beträgt 12000 kg bei 0,125 m Geschwindigkeit; die zweite Stufe hat 6000 kg bei 0,25 m Geschwindigkeit und die dritte 3000 kg Zugkraft bei einer Umfangsgeschwindigkeit von 0,5 m.

Die Schleusenanlage in Brunsbüttel besitzt im ganzen
66 verschiedene Antriebe, und zwar:

24 Antriebe für die Torflügel,
18   »   »   » Spille,
16   »   »   » Umlaufschütze,
8   »   »   » Sperrtorschütze.

An jedem Ende der drei Schleusenmauern befindet sich
je ein Spill. Die Antriebseinrichtungen dieser sechs Spille sind
für sich vollständig isoliert und besitzen jede einen besonderen
Druckwassermotor. Die 60 übrigen Antriebe sind auf elf Gruppen
verteilt. Von diesen elf Gruppen befinden sich vier im Binnenhaupt, und zwar gehören je zwei zum Binnenhaupt jeder
Schleusenkammer. Eine solche Gruppe enthält:

1 Antrieb für einen Fluttorflügel,
1   »   »   » Ebbetorflügel,
1   »   » ein Spill,
1   »   »   » Flutschütz,
1   »   »   » Ebbeschütz.

Zur Bewegung dieser Gruppe dienen zwei Druckwassermotoren. Fig. 1 und 2 auf Tafel II zeigen Aufriſs und Grund-
riſs einer Gruppe in der Maschinenkammer im Binnenhaupt des
Mittelpfeilers. Die ganze Maschinenkammer enthält zwei der
vorstehend aufgeführten Antriebgruppen. In gleicher Weise ist
das Auſsenhaupt ausgerüstet. Die in der Mitte der Schleusenkammern befindlichen Sperrtore besitzen nur drei Maschinengruppen, von denen sich je eine in jeder Schleusenmauer
befindet. Die für den Betrieb benutzten Druckwassermaschinen
sind Dreizylindermotoren mit einer Leistung von je 26 PS bei
einem Wasserdruck von 50 Atm.

Diese Dreizylindermaschinen übertragen mittels eines Vor-
geleges ihre Bewegung auf eine die sämtlichen Antriebe der
Gruppe verbindende Antriebwelle. Die Triebwelle trägt für jeden
Torflügel, für jedes Schütz und für die drei verschiedenen Vor-
gelege der Spille je ein Stirnrad.

Das zum Antrieb eines Torflügels dienende Stirnrad steht mit einem anderen Zahnrad in Eingriff, dessen Welle in einen Schneckenkasten geht und dort eine eingängige Schnecke trägt. Diese Schnecke treibt ein horizontal gelagertes Schneckenrad, welches auf einer stehenden Welle sitzt, die in ihrem unteren Ende unmittelbar über dem Spurlager als ein die Zahnstange treibendes Triebrad ausgebildet ist. Zum Schliefsen bzw. Öffnen der Torflügel sind durchschnittlich ca. 120 Sekunden erforderlich. Das rückwärtige Ende der Zahnstange wird von einer gröfseren Laufrolle, zu deren beiden Seiten sich je eine kleinere, schräg gelagerte Führungsrolle befindet, auf einer Führungsschiene geführt.

Die für den Spillantrieb auf der Haupttriebwelle befindlichen drei Stirnräder stehen mit drei entsprechenden Stirnrädern auf der horizontalen Spillwelle in mittelbarem Eingriff. Von der horizontalen Spillwelle aus wird die vertikale Spillwelle mittels eines Kegelräderpaares angetrieben. Die Verbindung der zusammengehörigen Räder der Haupttriebwelle und der horizontalen Spillwelle erfolgt durch Zwischenräder, welche je in der Mitte eines gekrümmten Hebelpaares gelagert sind.

Das zum Schützantrieb gehörige, auf der Haupttriebwelle sitzende Stirnrad greift in ein anderes Zahnrad ein, welches auf einer Schneckenwelle sitzt. Ein mit der Schnecke in Eingriff stehendes horizontales Schneckenrad trägt am unteren Ende seiner vertikalen Welle ein Kegelrad, dessen zugehöriges Rad mit dem die Zahnstange der Schütztafel treibenden Stirnrade auf gemeinsamer Welle sitzt.

Bei der Betrachtung der Brunsbütteler Schleusenanlage fällt auf, dafs entgegen dem sonstigen Gebrauch für den Antrieb der Tore und Schütze die geradlinige Bewegung des Druckwassers zuerst in rotierende Bewegung umgesetzt wird, um darauf in den Windwerken wieder in die geradlinige Bewegung der die Tore und Schütze treibenden Zahnstangen zurückverwandelt zu werden. Ob die hierfür mafsgebend gewesenen Gründe jedoch so schwerwiegende sind, dafs man bei einer wiederholten Ausführung der Anlage die gleiche Konstruktion wählen würde, ist wohl fraglich.

4. Die Druckwasserleitungen.

Von den das Druckwasser liefernden Preſspumpen wird das
Wasser in zwei Rohrsträngen, die mit den Akkumulatoren in
Verbindung stehen und in einem begehbaren, unterirdischen Ver-
bindungskanal verlegt sind, zum Binnenhaupt der Schleuse geführt.

Von hier aus geht der eine Rohrstrang durch den Rohr-
kanal der südlichen Schleusenmauer, während der andere Strang
durch einen Einsteigeschacht und einen unter dem Drempel angelegten Tunnel zur Mittelmauer und nördlichen Mauer weiter
geht. Nachdem die letztere Leitung die ganze nördliche Schleusenmauer bis zum Auſsenhaupt durchlaufen hat, geht sie durch
einen unter dem Drempel des Auſsenhauptes befindlichen Tunnel
zurück zur Mittelmauer und südlichen Mauer, um schlieſslich
wieder an den ersten Rohrstrang anzuschlieſsen.

Demnach bildet die gesamte Druckrohrleitung einen in sich
geschlossenen Ring, an welchen die drei Preſspumpen, die beiden
Akkumulatoren und die 28 Druckwassermotoren angeschlossen
sind. Da jeder Motor auf diese Weise sein Druckwasser von
zwei Seiten aus erhalten kann, ist die Betriebssicherheit der
ganzen Anlage eine sehr hohe.

Die Druckwasserleitung, welche 100 mm lichten Durchmesser
besitzt, ist innerhalb der Maschinenkammern und der Verbin-
dungsgänge in wasserfreien Kanälen verlegt. In diesen Kanälen
liegen die Rohre trocken und sind bequem zugänglich. Dagegen
haben sich die unter den Schleusenkammern durchgeführten
Rohrtunnels nicht wasserdicht ausführen lassen, so daſs sie sich
allmählich vollständig mit Wasser füllen und dadurch die Rohre
unzugänglich werden. Während also in den Kanälen Reparaturen
an den Leitungen jederzeit bequem ausgeführt werden können,
müssen, wenn in den Einsteigeschächten oder Tunnels ein Rohr-
defekt eintritt, diese erst vollständig ausgepumpt werden.

In Brunsbüttel ist eine Rücklaufleitung angelegt, welche in
ähnlicher Weise wie die Druckleitung ausgebildet und geführt ist,
dagegen geringere Wandstärken besitzt.

5. Die Heizungsanlage.

Damit in den Wintermonaten der Schleusenbetrieb aufrecht
erhalten werden kann, wurde, um ein Einfrieren des Druckwassers
in den Leitungen und Maschinen zu verhindern, die Schleuse
mit einer Heizungsanlage ausgerüstet.

Der für diese Heizung erforderliche Heizdampf wird den
Betriebskesseln entnommen. Da die Spannung des Kesseldampfes
jedoch 6 bis 6 ½ Atm. beträgt, muſs dieselbe für die Heizung
entsprechend reduziert werden. Zu diesem Zwecke ist im Rohrkeller an der Abzweigstelle der Heizleitung von der die Kessel
mit den Dampfmaschinen verbindenden Hauptdampfleitung neben
dem Absperrventil ein Dampfdruckreduzierventil eingebaut. Ferner
enthält die Heizleitung ein Sicherheitsventil, welches ein Ansteigen
der Spannung des Heizdampfes über 2 ½ Atm. verhindern soll.

Vom Rohrkeller führt die Heizleitung durch den bereits oben
erwähnten Verbindungskanal zum Binnenhaupt der südlichen
Schleusenmauer. Von einem hier aufgestellten Wasserabscheider
zweigen zwei Leitungen ab, welche in ähnlicher Weise wie die
Druckwasserleitung den ganzen Schleusenkörper durchziehen und
ebenfalls einen in sich geschlossenen Ring bilden.

Die Heizleitung ist in den Maschinenkammern und den Ver-
bindungsgängen an der Decke bzw. an einer seitlichen Mauer
aufgehängt und mit einer reichlichen Anzahl Wasserabscheider
und hufeisenförmig gebogener Ausdehnungsstücke versehen. In
den einzelnen Maschinenkammern stehen Heizkörper, deren
Schlangen sich in Gehäusen aus perforiertem Blech befinden.
Der Anschluſs dieser Heizkörper an die Hauptleitung erfolgt
durch dünne schmiedeeiserne, mit Absperrventilen ausgerüstete
Zweigleitungen.

Im Auſsen- und Binnenhaupt muſs die Heizleitung durch
die unter den Drempeln angelegten Tunnels von der südlichen
Schleusenmauer zur mittleren und nördlichen Mauer hinüber-
geführt werden. Da diese Tunnels im allgemeinen voll Wasser
stehen, sind in denselben die schmiedeeisernen Heizleitungen in

etwas weitere gufseiserne Rohre gelegt, um so ein Herantreten des Wassers an die Wandungen der eigentlichen Heizrohre auszuschliefsen. Das in den Leitungen und Heizkörpern sich bildende Kondenswasser wird in die Umlaufkanäle abgeleitet.

III. Kapitel.
Der pneumatische Betrieb.

1. Der Elbe-Trave-Kanal und allgemeine Beschreibung der Schleuse bei Witzceze.

Sehr interessant ist der dem Herrn Baurat und Professor Hotopp patentamtlich geschützte pneumatische Betrieb von Schleusenanlagen. Bei dieser Art des Betriebes kommen eigentliche Maschinen weder für die Betätigung der Umlaufkanäle, noch für den Antrieb der Schleusentore zur Anwendung. Es wird vielmehr in sehr einfacher Weise das Schleusengefälle ausgenutzt, um einerseits für den Heberbetrieb der Umlaufkanäle Luftverdünnung und anderseits für den Torbetrieb Druckluft zu erzeugen.

Ohne Kombination mit irgend welchem maschinellen Betriebe ist dieses System bei sämtlichen Schleusen des Elbe-Trave-Kanals zur Anwendung gekommen, während bei der Schleuse des Teltow-Kanals und bei den neuen Schleusen des Oder-Spree-Kanals in Kersdorf und Wernsdorf, deren maschinelle Einrichtungen vom Verfasser als Ingenieur der Firma C. Hoppe entworfen wurden, zwar für die Umlaufkanäle das Hotoppsche System zur Anwendung kam, die Tore hingegen elektrisch betrieben werden.

Sämtliche Schleusen des Elbe-Trave-Kanals haben die aus Fig. 1 und 2, Tafel III, ersichtlichen Abmessungen erhalten. Sie besitzen eine nutzbare Kammerlänge von 80,00 m, in der Schleusenkammer eine Breite von 17,00 m und in den Toren eine lichte Breite von 12,00 m. Die Wassertiefe über den Drempeln beträgt 2,50 m. Zwecks Wasserersparnis in trockenen Jahreszeiten besitzen die Schleusen mit gröfseren Gefällen Sparbecken. Der

Abschluſs der Schleusen erfolgt im Oberhaupt durch ein Klapptor, im Unterhaupt durch ein Stemmtorpaar.

Die Schleuse bei Witzeeze hat ein Gefälle von ca. 2,80 m
und ist mit zwei Sparkammern versehen. Zur Verbindung
zwischen Oberwasser und Schleusenkammer bzw. dieser und Unterwasser dienen die auf beiden Seiten der Kammer angeordneten
Umlaufkanäle, welche im Oberhaupt und Unterhaupt an Stelle
der sonst üblichen Schütze mit Hebern versehen sind.

Die Grundrisse der beiden am Oberhaupte befindlichen Sparkammern sind Kreissektoren, deren Spitzen an den die Verbindung mit der Schleusenkammer bildenden Sparkammerhebern
liegen. Letztere sind doppelt so breit wie die übrigen Heber
und stehen mit den Umlaufkanälen dadurch in Verbindung, daſs
die geraden Teile der Kanäle unter den Oberhaupthebern hinweg
nach der Oberwasserseite hin verlängert und, nach Unterführung
der einen Verlängerung unter dem Oberdrempel hinweg, ver-
einigt sind.

Auf der Sparkammerseite liegt im Unterhaupt das Steuer-
haus. In diesem befinden sich die sämtlichen zur Einleitung
der einzelnen Vorgänge dienenden Steuerapparate, welche bequem
durch einen einzigen Mann bedient werden können. Im Oberhaupt liegt auf der Steuerhausseite im Betonkörper die unten
näher beschriebene, zum Betrieb der Tore dienende Druckluftglocke. Im Unterhaupt befinden sich in Aussparungen des
Mauerwerks die zylindrische Saugglocke und die beiden für den
Stemmtorbetrieb dienenden Schwimmerbrunnen.

2. Saugglocke und Umlaufheber.

Die zum Betrieb der Heber dienende Saugglocke (Fig. 1) befindet sich im Unterhaupt der linken Schleusenseite in einer Aussparung des Schleusenkörpers. Sie hat die Form eines zylindri-
schen Kessels, ist aus weichen Fluſseisenblechen hergestellt und
besitzt in Witzeeze eine Länge von 10,00 m bei einem lichten
Durchmesser von 2,00 m. Damit die Saugglocke vom Oberwasser
her vollständig mit Wasser gefüllt und alle Luft aus derselben

verdrängt werden kann, mufs ihr Scheitel unterhalb des Ober-
wasserspiegels liegen. Desgleichen mufs naturgemäfs, um die
Saugglocke nach dem Unterwasser entleeren zu können, die Unter-
kante der Glocke höher als der Wasserspiegel der unteren Hal-
tuug liegen.

Zum Füllen der Glocke dient das Zuflufs-, zum Entleeren
derselben das Leerlaufventil. Beim ursprünglichen Entwurf der
Krummesser Schleusenanlage waren diese beiden Ventile derart
miteinander gekuppelt, dafs durch das Öffnen des einen Ventils

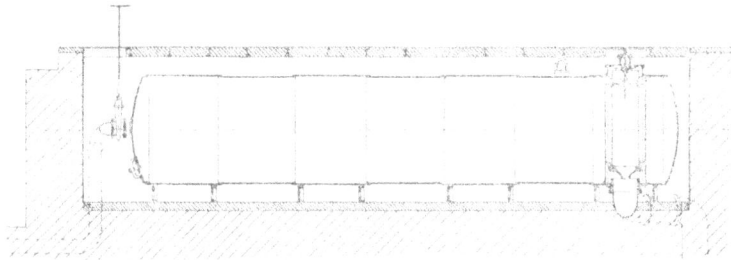

Fig. 1.

das Schliefsen des anderen bedingt wurde. Bei den an dieser
Schleuse vorgenommenen Versuchen stellte sich jedoch heraus,
dafs ein Füllen der Saugglocke vom Oberwasser her nur in seltenen
Fällen, z. B. bei Wiederaufnahme des Betriebes nach längeren
Betriebspausen, erforderlich ist, dafs dagegen bei normalem Betriebe sich die Saugglocke infolge der intensiven Heberwirkung
durch die Abflufsleitung vom Unterwasser her stets selbsttätig
wieder füllt.

Infolgedessen wurde bei der Witzeezer und den übrigen fünf
Ausführungen die Kupplung der beiden Ventile fortgelassen. Es
wurde das Leerlaufventil im wesentlichen in seiner ursprünglichen
Form beibehalten, die Zuflufsleitung hingegen an die obere Stirn-
wand der Glocke geführt und mit einem gewöhnlichen Wasser-
schieber versehen. Von der Saugglocke führt eine Luftleitung
zu dem weiter unten geschilderten Steuerapparat. Durch diesen
wird die Glocke mit der atmosphärischen Luft bzw. den in Betrieb zu setzenden Hebern in Verbindung gebracht.

Der Betrieb der Heber erfolgt, je nachdem ohne oder mit Sparkammern gearbeitet wird, folgendermaßen:

Fall I: Schleusung ohne Benutzung der Sparkammern. Die Schleusenkammer sei nach dem Unterwasser geöffnet. Nachdem das zu hebende Schiff eingefahren und das Untertor geschlossen ist, wird die vorher mit Wasser gefüllte Saugglocke, deren Leerlaufventil inzwischen geöffnet ist, durch entsprechende Hahnstellung des in Fig. 6 dargestellten Steuerapparates mit den Oberhaupthebern in Verbindung gebracht. Die in den Oberhaupthebern befindliche Luft tritt zur Saugglocke über, aus der das Wasser nach der unteren Haltung abfließt. In den Schenkeln der Oberhauptheber steigt das Wasser und diese Heber treten in Tätigkeit. Sobald die Heber voll durchströmt werden, saugen sie die vorher in die Saugglocke getretene Luft wieder ab und bewirken dadurch, daß sich die Glocke vom Unterwasser her von neuem mit Wasser füllt.

Nach erfolgter Ausspiegelung zwischen Schleusenkammer und Oberwasser wird das Obertor geöffnet. Das gehobene Schiff fährt aus und ein talwärts zu schleusendes fährt in die Schleusenkammer. Nachdem nunmehr das Obertor wieder geschlossen ist, wird durch den Steuerapparat die Saugglocke mit dem Unterhaupt-Heberpaar in Verbindung gebracht und dieses letztere in ähnlicher Weise in Tätigkeit gesetzt. Hierbei stehen durch den Steuerapparat gleichzeitig die Oberhauptheber mit der äußeren Luft in Verbindung, so daß das in ihnen noch befindliche Wasser unter dem äußeren Luftdruck wieder abfließen kann.

Bei regelmäßigem Betrieb wird im allgemeinen nach der ersten Inbetriebsetzung eines Heberpaares durch die Saugglocke diese selbst weiter nicht benutzt, sondern man verbindet das vorher in Tätigkeit gewesene Heberpaar direkt mit dem in Betrieb zu setzenden, läßt also das erstere dem letzteren gegenüber die Funktionen der Saugglocke ausüben.

Falls bei Wasserreichtum längere Zeit ohne Sparkammern geschleust werden soll, kann man die Sparkammerheber durch Einsetzen von Blindflanschen gänzlich vom Steuerapparat abschalten.

Fall II: Schleusung mit Benutzung der Sparkammern. Die Schleusenkammer stehe mit der oberen Haltung
in Verbindung. Nachdem das talwärts zu schleusende Schiff eingefahren und das Tor im Oberhaupt geschlossen ist, wird der
obere Sparkammerheber mit der Saugglocke in Verbindung gebracht. In der vorhin geschilderten Weise tritt dieser Sparkammerheber in Tätigkeit. Sobald die Wasserspiegel in oberer
Sparkammer und Schleusenkammer sich ausgespiegelt haben,
wird entweder durch Benutzung der Saugglocke der untere Sparkammerheber in Tätigkeit gesetzt und der obere Sparkammerheber mit der atmosphärischen Luft in Verbindung gebracht,
oder, wie das bei regelrechtem Betrieb der Fall ist, man läßt den
oberen Sparkammerheber ohne Benutzung der Saugglocke direkt
auf den unteren Sparkammerheber wirken. Die Schleusenkammer
entleert sich weiter in die untere Sparkammer bis zur entsprechenden Ausspiegelung.

Schließlich setzt man entweder von der Saugglocke aus oder
durch den vorher in Betrieb gewesenen unteren Sparkammerheber das Unterhaupt-Heberpaar in Tätigkeit und entleert so die
Schleusenkammer vollständig nach dem Unterwasser. Nun öffnet
man das Untertor, läßt das in der Kammer befindliche Schiff
ausfahren, ein aufwärts zu schleusendes einfahren und schließt
dann wieder das Untertor.

Zum Füllen der Schleuse wird durch entsprechende Hahn-
stellungen zunächst die untere, darauf die obere Sparkammer
mit der Schleusenkammer in Verbindung gebracht und das vorher
zu den Sparkammern geleitete Wasser zur Schleusenkammer
zurückgeleitet, bis die jeweilige Ausspiegelung erfolgt ist. Zum
Schlusse wird die Schleusenkammer aus der oberen Haltung vollständig gefüllt.

3. Die Druckluftglocke und der Betrieb der Tore.

Der Betrieb der Tore erfolgt mittels durch das Schleusengefälle erzeugter Druckluft mit einer Pressung von ca. 5 m Wassersäule. Zu diesem Zwecke ist im Oberhaupt des Schleusenkörpers
nach Fig. 2 eine schmiedeiserne, im Innern mit Zement verputzte

Druckluftglocke einbetoniert. Diese ist mit einem Anfüllrohr,
durch welches ihr vom Oberwasser her Wasser zugeführt werden
kann, und einem Abflufsheber, dessen Scheitelunterkante in
gleicher Höhe mit dem höchsten Oberwasserspiegel liegt, ausgerüstet. Durch den Abflufsheber steht die Druckluftglocke mit
dem benachbarten Umlaufkanal und somit bei entleerter Schleusenkammer mit dem Unterwasser in Verbindung. Das Anfüllrohr

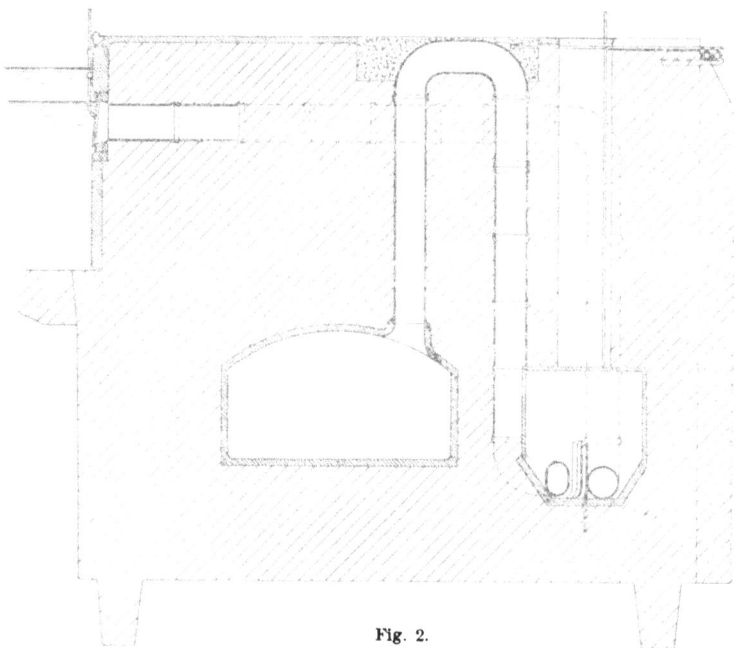

Fig. 2.

ist mit einem Luftröhrchen versehen, während der Abflufsheber
durch eine dünne Saugleitung mit der Saugglocke in Verbindung
steht.

Die Inbetriebsetzung der Druckluftglocke kann, wenn die
Schleusenkammer auf Unterwasser steht, jederzeit durch einen
im Steuerhause befindlichen Dreiweghahn III (Fig. 6) von der
Saugglocke aus, während des Entleerens der Schleusenkammer
dagegen auch ohne Benutzung der Saugglocke durch das in der
Kammer fallende Wasser direkt erfolgen. Wird bei entleerter
Schleusenkammer durch den Hahn III von der Saugglocke aus
der Abflufsheber der Druckluftglocke in Tätigkeit gesetzt, dann

strömt von der oberen Haltung her Wasser durch das Anfüllrohr und den Abflußheber zu dem mit dem Unterwasser der
Schleusenkammer in Verbindung stehenden Umlaufkanal.

Das mit dem Luftröhrchen versehene Anfüllrohr wirkt hierbei als Injektor (bzw. Wasserstrahl-Luftpumpe) und reißt Luft
mit, welche sich in der Druckluftglocke ansammelt. Sobald die
letztere bis an den oberen Rand der Mündung des Abfluß-
Heberschenkels mit gepreßter Luft gefüllt ist, schaltet sie sich
von selbst aus und unterbricht den Wasserstrom.

Soll die Druckluftglocke ohne Zuhilfenahme der Saugglocke
in Betrieb gesetzt werden, so geschieht das folgendermaßen:
Beim Füllen der Schleusenkammer steigt im unteren Schenkel
des Abflußhebers, falls der Heberscheitel durch den vorerwähnten
Hahn III mit der atmosphärischen Luft in Verbindung gebracht
ist, das Wasser genau so an wie in der Schleusenkammer. Wird
dann bei gefüllter Kammer die Verbindung zwischen Heberrohr
und atmosphärischer Luft durch den Dreiweghahn III abgestellt,
so tritt beim Entleeren der Schleusenkammer der Heber ohne
weiteres in Tätigkeit.

Wie bereits in der Einleitung erwähnt wurde, erfolgt im
Oberhaupt der Abschluß der Schleusenkammer durch ein Klapptor. Dieses Klapptor ist aus Eisen mit hölzernen Dichtungsleisten hergestellt und derart mit Schwimmkästen versehen, daß
sein Gewicht im Wasser den Auftrieb etwas überwiegt.

Im oberen Teil des Tores befindet sich über die ganze
Länge desselben eine Luftkammer von 600 mm Breite (entsprechend der Stärke des Tores) und 300 mm Höhe. In diese
Luftkammer, zu welcher das Oberwasser stets Zutritt hat, kann
nach Fig. 3 und 4 Druckluft durch einen seitlich angebrachten,
der vertikalen Torachse parallelen, flachen Zuführungskanal geleitet werden. Der Anschluß der Druckluftleitung an die Druckluftglocke erfolgt im Steuerhause durch den Hahn IV (Fig. 6).
Durch die eintretende Druckluft wird das Wasser aus der Luftkammer verdrängt, der Auftrieb des Tores nimmt zu und das
Tor beginnt, um seine beiden horizontalen Lagerzapfen sich
drehend, sich zu heben.

Der Luftzuführungskanal im Tore und die Ausmündung des
die Prefsluft von der Druckluftglocke unter das Tor führenden
Rohres sind so angeordnet, dafs auch in den schrägen bzw.
nahezu senkrechten Lagen des Tores die Luft in den Luftkasten
geleitet wird. In dem Mafse, wie das Tor sich hebt, nimmt die
Wassersäule, unter deren Druck die im Luftkasten befindliche
Prefsluft steht, ab; die Prefsluft dehnt sich aus und beschleunigt
dadurch den Wasseraustritt aus dem Torkasten.

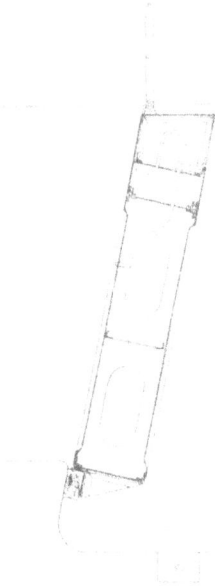

Fig. 3.   Fig. 4.

Vom Luftkasten des Klapptores geht ein dünnes Röhrchen
an die der Schleusenkammer zugewandte Seite. Durch dasselbe
entweicht die Luft aus dem Torkasten, sobald in der Schleuse
das Wasser zu fallen beginnt. Der Torkasten füllt sich dabei
von der oberen Haltung her mit Wasser und das Eigengewicht
des Tores überwiegt nun wieder den Auftrieb desselben. Ein
Zurücksinken des Tores ist jedoch vorläufig infolge des grofsen
Wasserdruckes der oberen Haltung, durch den das Tor mit
seinen Dichtungsleisten fest gegen seine Auflagerflächen geprefst
wird, unmöglich. Sobald indes die Schleusenkammer vom Oberwasser her gefüllt worden ist, sinkt das Klapptor infolge seines

den Auftrieb nun wieder überwiegenden Eigengewichtes auf den
Boden zurück.

Der Abschlufs der Schleusenkammer gegen das Unterwasser
erfolgt durch ein zweiflügeliges Stemmtor, welches ebenfalls aus
Schmiedeisen hergestellt und mit hölzernen Dichtungsleisten
versehen ist. Zur Entlastung des Torzapfens und zur leichteren
Bewegung besitzen die Torflügel Schwimmkästen.

An jeden Torflügel greift nahe der oberen Torkante, ungefähr
in der Mitte des Flügels, eine aus zwei ⌐-Eisen gebildete Schub-

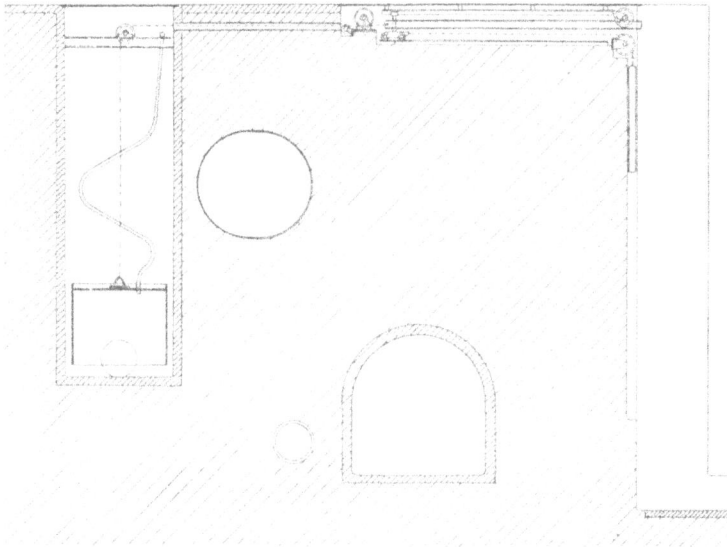

Fig. 5.

stange an, deren hinteres Ende von einem auf einer Eisenbahn-
schiene laufenden Wagen getragen wird (Fig. 5). An den Wagen
greifen zwei Ketten an, von denen die eine zur Tornische geht
und in einer Aussparung derselben ein Gewicht trägt, während
die andere rückwärts zu einem Schwimmerbrunnen geführt und
an dem in diesem Brunnen sich zwischen zwei Führungsschienen
bewegenden, unten offenen Schwimmer befestigt ist. In den
oberen Boden des Letzteren mündet ein Luftzuführungsschlauch,
durch welchen Prefsluft aus der Druckluftglocke in den
Schwimmer geleitet werden kann. Befindet sich keine Luft

in dem Schwimmer, ist er also vollständig mit Wasser gefüllt, dann besitzt er dem in der Tornische befindlichen Gegengewicht gegenüber ein Übergewicht von 660 kg, mit welchem
er den Torflügel, vorausgesetzt, dafs die Schleusenkammer mit
dem Unterwasser bereits ungefähr ausgespiegelt ist, öffnet.

Leitet man nun aus der im Oberhaupt befindlichen Druckluftglocke mittels des aus Fig. 6 ersichtlichen Hahnes I bzw. II
geprefste Luft in den Schwimmer, so wird das Wasser aus demselben entfernt und infolge seines Auftriebes hebt er sich. Das
in der Tornische befindliche Gegengewicht kann nun den die
Schubstange tragenden Wagen nach vorn ziehen und so den
Torflügel schliefsen.

Sobald nun die Schleuse gefüllt wird, werden durch den von
der Kammerseite her gegen die Torflügel wirksamen Wasserdruck
dieselben fest gegen die Anschlagflächen und gegeneinander ge-
stemmt. Jetzt wird die Luft wieder aus dem Schwimmer heraus-
gelassen, der infolgedessen bestrebt ist, zu sinken und den Torflügel zu öffnen. Dieses Öffnen kann jedoch erst dann erfolgen,
wenn die Schleusenkammer wieder geleert ist und die Wasserspiegel in Kammer und Unterwasser sich wieder bis auf wenige
Zentimeter ausgeglichen haben.

4. Die Steuerapparate.

Der zur Betätigung der Heber dienende Steuerapparat, sowie
die zur Inbetriebsetzung der Tore dienenden Drucklufthähne sind,
wie aus Fig. 6 ersichtlich, nebeneinander im Steuerhäuschen angeordnet. Ihre Anordnung ist sehr übersichtlich und ihre Be-
dienung einfach. Der für den Heberbetrieb bestimmte Steuerapparat besteht aus drei einzelnen Steuerhähnen, die von vier
Standrohren getragen werden. Von diesen Standrohren ver-
mittelt durch die schräg nach unten zeigenden Stutzen der
einzelnen Hähne das Rohr *U.H.* die Verbindung mit den beiden
Unterhaupthebern, *U·S.* mit der unteren Sparkammer, *O.S.* mit
der oberen Sparkammer und *O.H.* mit den beiden Oberhaupthebern. Die nach oben zeigenden Stutzen der einzelnen Hähne

stehen durch das Rohr *S.G.* mit der Saugglocke, die Rückseite
der Hähne mit der atmosphärischen Luft in Verbindung.

Links und rechts vom grofsen Steuerapparat befinden sich
je zwei kleine Handhebel, welche durch vertikale Gestänge die
verschiedenen, unter dem Fufsboden angeordneten Drucklufthähne bedienen. Die beiden Handhebel *I* und *II* gehören zu je
einem Dreiweghahn. Diese beiden Hähne setzen die beiden im
Unterhaupte angeordneten, zur Torbewegung dienenden Schwimmer mit der Druckluftglocke bzw. mit der atmosphärischen Luft

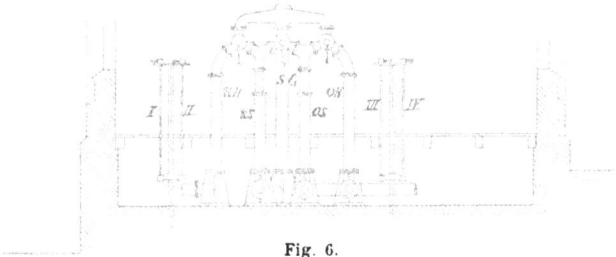

Fig. 6.

in Verbindung. Handhebel *III* betätigt ebenfalls einen Dreiweghahn, welcher den Abflufsheber der Druckluftglocke im Oberhaupt mit der Saugglocke bzw. mit der atmosphärischen Luft
verbindet. Handhebel *IV* bedient einen Durchgangshahn, durch
den die zum Betrieb der Klapptore erforderliche Druckluft geleitet wird.

IV. Kapitel.
Der elektrische Betrieb.

1. Der Dortmund-Ems-Kanal und allgemeine Beschreibung der Schleuse bei Münster.

Zur Besprechung des elektrischen Betriebes mögen zwei bedeutende, elektrisch betriebene Anlagen, und zwar zunächst die
Schleuse bei Münster des Dortmund-Ems-Kanals und in der
zweiten Hälfte dieses Kapitels die Schleuse bei Ymuiden in
Holland näher betrachtet werden.

Der in zwei Zweigkanälen, welche bei Herne bzw. Dortmund
beginnen und sich bei Henrichenburg vereinigen, aus dem Ruhr-

gebiet kommende und zur Emsmündung führende Dortmund-
Ems-Kanal besitzt aufser dem interessanten Schiffshebewerk bei
Henrichenburg 19 Schleusen, von denen die mit geringerem Gefälle Handbetrieb erhalten haben, während die beiden Schleusen
bei Münster und Gleesen, deren mittleres Gefälle ca. 6,20 m beträgt, mit elektrischen Betriebseinrichtungen ausgerüstet sind.
Da der Kanal in seinem oberen Teile künstlich gespeist werden
mufs, sind, um den Wasserverbrauch der verschiedenen Schleusen
untereinander einigermafsen in Übereinstimmung zu bringen, die
beiden elektrisch betriebenen Schleusen mit Sparkammern ausgerüstet.

Wie aus der in Fig. 1 und 2, Tafel III, dargestellten Aufrifs-
und Grundrifszeichnung ersichtlich ist, hat die Schleuse bei
Münster eine nutzbare Länge von 67,00 m und eine lichte Breite
von 8,60 m. Die Schleuse hat 4 Sparkammern, und zwar auf
jeder Seite eine obere und eine untere Sparkammer. Da die
beiden oberen Sparkammern, wie auch die beiden unteren, zu-
sammen ungefähr je die gleiche Grundfläche haben, wie die
Schleusenkammer, beträgt die Wasserersparnis fast 50%.

Zur Verbindung zwischen Oberwasser und Schleusenkammer
bzw. zwischen dieser und dem Unterwasser, dienen die auf beiden
Seiten der Kammer angeordneten Umlaufkanäle, welche im
Oberhaupt und Unterhaupt mit Rollschützen ausgerüstet sind.
Zwischen den Umlaufkanälen und den Sparkammern befinden
sich Zylinderventile. Der Abschlufs der Schleusenkammer gegen
die Haltungen erfolgt sowohl im Oberhaupt als auch im Unterhaupt durch Stemmtore. Auf der rechten Seite des Unterhauptes
befindet sich das Maschinenhaus, dessen Einrichtung im nächsten
Abschnitt besprochen werden soll.

2. Das Maschinenhaus.

Im unteren Kellergeschofs des Maschinenhauses liegt die
zum Betriebe der Dynamomaschine dienende Radialturbine. Sie
erhält ihr Betriebswasser vom Oberhaupt her durch eine gufseiserne Muffenrohrleitung von 750 mm l. Durchmesser. Die
vertikale Turbinenwelle überträgt mittels zweier Kegelräder die

Bewegung auf die im oberen Kellergeschofs gelagerte, horizontale Transmission, von welcher aus die im Erdgeschofs montierte Nebenschlufs-Dynamomaschine angetrieben wird. Diese besitzt eine Leistung von 7,5 KW bei einer Spannung von 110 bis 150 Volt.

Aufser der Dynamomaschine befinden sich im Erdgeschofs des Maschinenhauses die Handräder zur Regulierung der Turbine, das Schaltbrett, die Luftdruckpegel zum Anzeigen der verschiedenen Wasserstände und die Steuerungen zu den Motoren sämtlicher Antriebwerke. Übrigens sind sämtliche Bewegungseinrichtungen so ausgebildet, dafs sie aufser vom Maschinenhause aus auch an Ort und Stelle gesteuert werden können.

Damit durch vorübergehende Störungen in der Maschinenhausanlage nicht der gesamte Schleusenbetrieb unterbrochen wird, sind die Tore, Spille, Schütze und Zylinderventile neben ihrem motorischen Antrieb auch mit Handbetrieb ausgerüstet.

Das obere Stockwerk des Maschinenhauses enthält die aus 60 Zellen bestehende Akkumulatorenbatterie, welche bei einer normalen Betriebsspannung von 110 Volt eine Kapazität von ca. 180 Amp.-Stunden besitzt.

3. Die maschinellen Einrichtungen für den Betrieb der Tore, Spille, Zylinderventile und Rollschütze.

Die zum Abschlufs der Schleusenkammer gegen das Oberwasser dienenden Stemmtorflügel haben eine Höhe von 3,825 m, während die Höhe der die Kammer gegen das Unterwasser abschliefsenden Torflügel 10,025 m beträgt. Die Torflügel werden durch Zahnstangen bewegt (Fig. 7 und 8), mit denen sie durch je eine aus zwei schmiedeisernen Rohren gebildete Schubstange gelenkartig verbunden sind. Zur Führung der Zahnstange ist der dieselbe mit der Schubstange verbindende Kreuzkopf auf beiden Seiten mit zwei Führungsrollen versehen, die auf ⊥-Eisen laufen.

Für die Bestimmung der zum Torbetriebe dienenden Motoren war angenommen worden, dafs, wenn die Torflügel sich nicht klemmen und kein Winddruck auf sie wirkt, sie gegen einen

Wasserüberdruck von 16 cm geöffnet werden können. Diesem
Drucke entsprechend sind die Torwinden mit Nebenschlufs-Elek-
tromotoren von 5 PS Leistung ausgerüstet. Der Elektromotor
überträgt seine Bewegung mittels Schnecke und Schneckenrad,
sowie eines Stirnradvorgeleges auf das die Zahnstange treibende
Triebrad. Um die Torflügel in jeder Stellung anhalten, um-
steuern und wieder anlassen zu können, sind die Torwinden mit
Zentrifugalanlassern ausgerüstet. Nach dem Anlassen des Motors
werden die Widerstände, deren Kontaktflächen in einem Kreise
augeordnet sind, langsam nacheinander ausgeschaltet. Am Ende

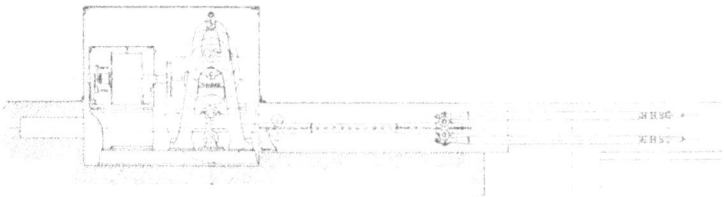

Fig. 7.

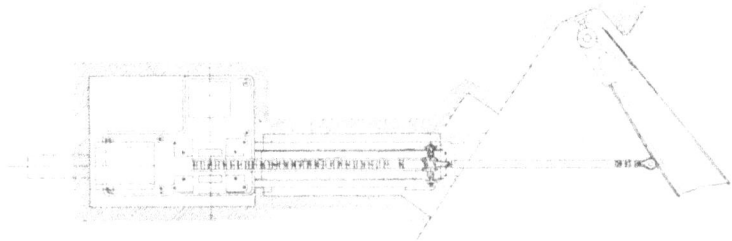

Fig. 8.

des Hubes werden sämtliche Widerstände gleichzeitig wieder eingeschaltet und die Winde wird durch einen mit einer Steuer-
scheibe verbundenen Steuerhebel selbsttätig umgesteuert, wodurch
aufserdem erreicht wird, dafs beim Inbetriebsetzen der Winde
ein Anlassen nach der verkehrten Richtung ausgeschlossen ist.

Zum Herein- und Herausziehen der Schiffe ist die Schleuse
mit zwei elektrisch betriebenen Spillen ausgerüstet, von denen
eines auf der rechten Mauer am Oberhaupt, das andere auf der
linken Mauer am Unterhaupte steht. Diese Spille, welche mit
je einem Nebenschlufs-Elektromotor von 3,5 PS ausgerüstet sind,
besitzen Doppeltrommeln und haben am Umfange der unteren

grofsen Trommel eine Zugkraft von 300 kg bei 0,6 m Seilgeschwindigkeit, am Umfange der oberen kleineren Trommel eine
Zugkraft von 600 kg bei 0,3 m Geschwindigkeit pro Sekunde.

Für den Abschlufs der Schleusenkammer gegen die Sparbecken sind entlastete Zylinderventile von 1800 mm Durchmesser
zur Anwendung gekommen. Jedes Zylinderventil wird in einem
eisernen Gerüst geführt, auf dessen oberer Plattform sich die
zum Betrieb des Ventils dienende Winde befindet. Die Zylinderschützwinde (Fig. 9 und 10) besitzt einen 1,5 PS Nebenschlufs-
Elektromotor, von welchem die Bewegung mittels Schnecke,

Fig. 9.   Fig. 10.

Schneckenrad und Zahnradvorgelege auf ein Kettenrad übertragen wird. Über das Kettenrad geht die Tragkette, welche
an einem Ende das Zylinderventil, am anderen das Gegengewicht trägt.

Auf der Welle der Kettenscheibe sitzt ein Stirnrad, welches
mit einem zweiten, eine Führungsscheibe tragenden Rade in
Eingriff steht. Durch diese Führungsscheibe wird der Kontakthebel des Wendeanlassers so geführt, dafs nach dem Anlassen
des Motors die Widerstände allmählich ausgeschaltet werden.
Nach der Beendigung des Hubes schnellt der Kontakthebel in
seine Endstellung zurück und schaltet sämtliche Widerstände
gleichzeitig wieder ein. Die Zylinderschützwinde wird nun wieder
durch eine Elektromagnetbremse festgehalten, welche nur dann
durch den elektrischen Strom gelüftet wird, wenn der Motor in
Tätigkeit ist.

Die die Schleusenkammer mit den beiden Haltungen verbindenden Umlaufkanäle sind im Ober- und Unterhaupt mit
Rollschützen ausgerüstet. In den beiden Laufschienen befinden
sich je zwei Vertiefungen, in welche die Rollen bei der tiefsten
Lage des Schützes hineingehen. Daher tritt beim Heben der
Schütztafel nur im ersten Moment gleitende Reibung zwischen
den Dichtungsleisten auf, welche in rollende Reibung übergeht,
sobald die Schützrollen aus den Vertiefungen auf die Führungsschienen gelangt sind. Die durch ein Gegengewicht ausbalancierte
Schütztafel hängt an einer Gallschen Kette.

Die zur Schützbewegung dienende Winde besitzt einen 3,5 PS-
Elektromotor und stimmt im wesentlichen mit der vorhin geschilderten Zylinderschützwinde überein. Da es jedoch erforderlich ist, die Schütztafel in jeder Stellung festhalten und aus
jeder Lage sowohl im selben als auch im entgegengesetzten
Sinne weiter bewegen zu können, sind statt der Wendeanlasser
die beim Torantrieb erwähnten Zentrifugalanlasser zur Anwendung gekommen.

Sämtliche Motoren erhalten für gewöhnlich ihren Strom aus
der Akkumulatorenbatterie; sie können indes auch von der
Dynamomaschine aus direkt gespeist werden.

4. Kraftverbrauch beim Schleusen.

Die in den Fig. 11 bis 18 dargestellten Diagramme sind dem
Aufsatz des Herrn Bauinspektor Rudolph, Zeitschrift des
Vereins deutscher Ingenieure 1901, S. 1412 entnommen. Wie
im Abschnitt 2 dieses Kapitels erwähnt wurde, wird der zum
Betriebe erforderliche elektrische Strom mittels einer von einer
Turbine angetriebenen Dynamomaschine erzeugt. Rudolph weist
durch seine Messungen nach, daß das zum Betrieb der Turbine
erforderliche Wasser für die Erzeugung des für eine einfache
Schleusung notwendigen Stromes nur ca. 1,5 % von dem in der
Schleusenkammer pro Doppelschleusung verbrauchten Wasser-
quantum beträgt. Aus den Diagrammen ist zu ersehen, wie bei
sämtlichen Bewegungen zur Einleitung derselben die Stromstärke
zunächst eine verhältnismäfsig hohe ist, um bald darauf stark

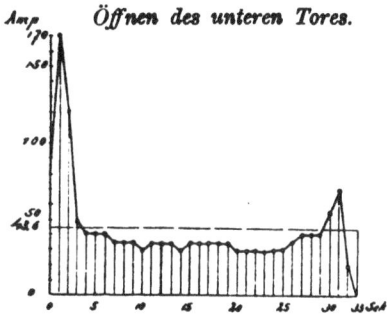

Fig. 11.

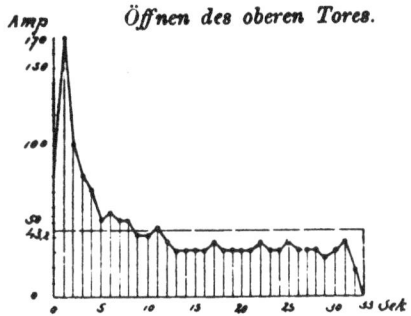

Fig. 12.

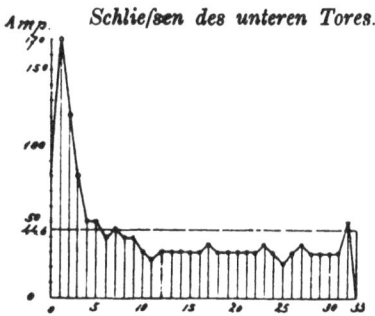

Fig. 13.

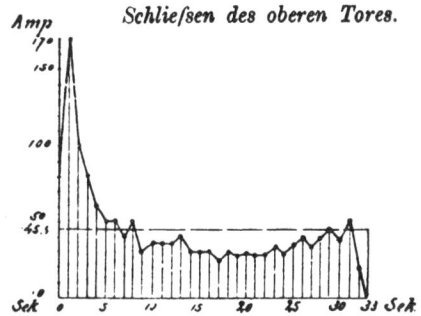

Fig. 14.

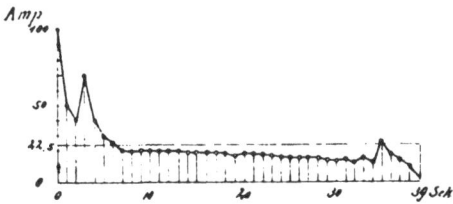

Fig. 15.

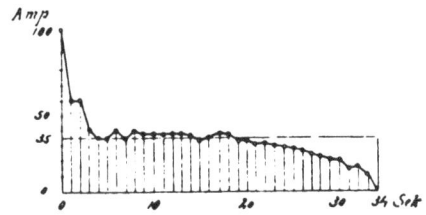

Fig. 16

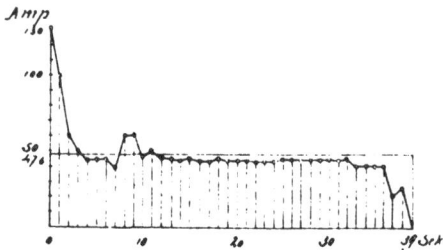

Fig. 17.

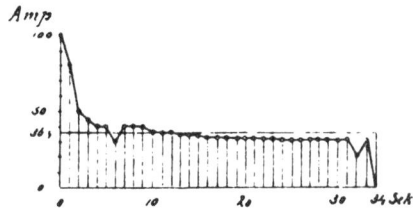

Fig. 18.

abzunehmen und in den meisten Fällen bis zum Ende der Bewegung in ungefähr gleicher Stärke zu verbleiben. Dieses Anpassen des Stromverbrauches an den vorhandenen Bewegungs-
widerstand ist ohne Frage ein grofser Vorzug des elektrischen
Betriebes.

5. Der Nordsee-Kanal von Ymuiden nach Amsterdam und allgemeine Beschreibung der Schleuse bei Ymuiden.

Der bereits im Jahre 1876 fertig gestellte Nordsee-Kanal von
Ymuiden nach Amsterdam gestattete vor der Eröffnung der neuen
Schleuse bei Ymuiden nur Schiffen unter 135 m Länge, 16,0 m
Breite und 7,20 m Tiefgang den Verkehr. Mit der im Dezember
1896 eröffneten neuen Schleuse (Fig. 1 u. 2, Tafel V) dagegen
können Schiffe bis 225 m Länge, 25 m Breite und 9 m Tiefgang
geschleust werden.

Zur Verbindung zwischen Binnenwasser und Schleusenkammer bzw. zwischen dieser und dem Aufsenwasser dienen die
auf beiden Seiten der Kammer angeordneten Umlaufkanäle,
welche im Binnen-, Mittel- und Aufsenhaupt mit je zwei Schützen,
einem Flut- und einem Ebbeschütz ausgerüstet sind.

Der Abschlufs der Kammer gegen die Nordseeseite und den
Kanal erfolgt durch je zwei Stemmtorpaare, ein Fluttor und ein
Ebbetor. Durch ein im Innern der Kammer angeordnetes doppeltes
Sperrtor wird dieselbe in zwei ungleiche, kleinere Kammern geteilt. Die gröfsere dieser beiden hat eine nutzbare Länge von
144 m, die kleinere eine solche von 70 m. Die mittleren Sperrtore werden selten in Gebrauch genommen. In Ausnahmefällen
werden sie zum Durchschleusen kleinerer Schiffe benutzt. Sonst
dienen sie im allgemeinen zur Druckabstufung bei sehr hohen
Flutwasserständen.

Die Schleuse besitzt 12 Gangspille, mit denen man erforder-
lichenfalls von Hand die Schiffe verholen, sowie die Tore und
Schütze bewegen kann.

6. Die Maschinenhausanlage.

Im Kesselhause liegen drei Stück Einflammrohrkessel, von denen für den gewöhnlichen Betrieb zwei benutzt werden, während der dritte als Reserve dient. Die Kessel besitzen je 45 qm Heizfläche und liefern Dampf von 7 Atm. Spannung. Im Maschinenhause befinden sich zwei liegende, zweizylindrige Verbund-Dampfmaschinen mit einer Leistung von je 125 PS. Jede Dampfmaschine ist durch Riemenübertragung mit einer Gleichstrom-Dynamomaschine verbunden, welche bei einer Leistung von 70 KW Strom mit einer Spannung von 220 bis 310 Volt liefert.

Die Dynamomaschinen arbeiten auf eine Akkumulatorenbatterie von 124 Zellen. Diese Batterie besitzt bei dreistündiger Entladung eine Kapazität von 1620 Amp.-Stunden. Sie steht in einem neben dem Maschinensaale befindlichen Raume des Erdgeschosses, der durch einen Zwischenboden in zwei Etagen geteilt ist.

7. Die maschinellen Einrichtungen für den Betrieb der Tore, Schütze und Spille.

Die zum Abschlufs der Schleusenkammer dienenden Tore sind zur Verminderung des Eigengewichtes mit Luftkästen versehen. Zur Bewegung der Torflügel dient die in Fig. 19 und 20 dargestellte Einrichtung. Der durch eine Schubstange mit dem Torflügel verbundene Wagen wird durch vier endlose Gallsche Ketten bewegt, die an der Kammerseite über vier Führungsrollen, an der Rückseite des Schleusenmauerwerks über vier in der Torwinde befindliche Antriebräder geführt sind. Der Antrieb dieser letzteren Räder erfolgt vom Elektromotor aus mittelst zweier hintereinander geschalteter Schnecken, von denen zur Aufhebung des achsialen Druckes die eine rechtsgängig, die andere linksgängig ist. Der Elektromotor besitzt bei 360 Umdrehungen in der Minute eine Leistung von 41 PS.

Der Wagen läuft mit vier Laufrollen auf zwei Eisenbahnschienen. Zur besseren Führung ist er auf beiden Seiten mit je vier horizontal gelagerten Führungsrollen versehen, die sich eben-

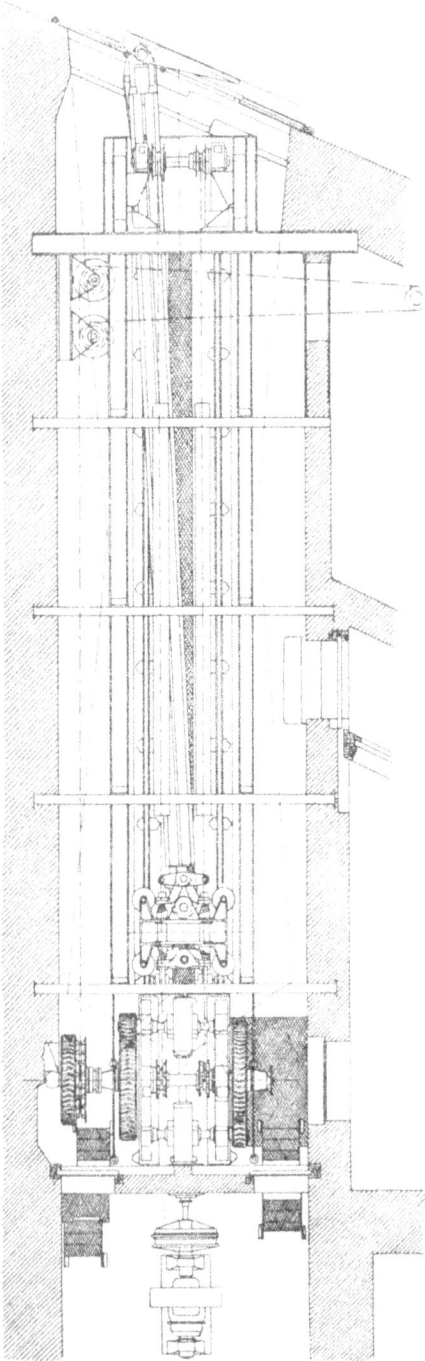

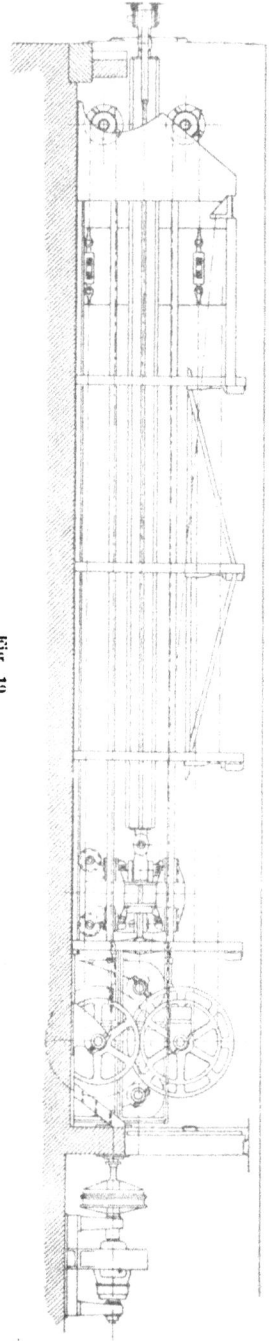

Fig. 20.

Fig. 19.

falls zwischen Eisenbahnschienen bewegen. Zum Ausgleich der
Spannungen in den Gallschen Ketten ist der Wagen mit einem
die Torschubstange tragenden Balancier versehen.

Die zum Abschlufs der Umlaufkanäle dienenden Schütze bestehen aus kräftigen Holzrahmen mit eingespannten Flufseisenblechen. Da die Schütze nur nach einer Seite dichten, müssen
sie überall paarweise, und zwar ein Flut- und ein Ebbeschütz,
angeordnet sein. Die Schütztafel hängt mittelst einer Winkel-
eisenkonstruktion an einem Balancier, welcher in zwei endlose
Gallsche Ketten eingespannt ist. Die Gallschen Ketten sind unten
über zwei Kettenräder geführt, während sie in ihrer oberen
Schleife von zwei anderen Kettenrädern getragen und angetrieben
werden. Diese beiden Antriebskettenräder sitzen auf einer gemeinsamen Welle, die von einem Elektromotor aus mittels
Schnecke, Schneckenrad und Stirnradvorgelege getrieben wird.
Der Elektromotor besitzt bei 270 Umdrehungen in der Minute
eine Leistung von 17 PS. Er ist mit dem Windwerk durch eine
Überlastungs-Reibungskupplung verbunden.

Die Spille sind so über die Schleuse verteilt, dafs je eins
zur Antriebkammer jedes einzelnen Torflügels gehört. Während
die beiden Spille der Fluttorflügel im Mittelhaupt mit elektrischem
Antrieb ausgerüstet sind, besitzen die zehn übrigen nur Hand-
antrieb. Die Spille werden übrigens zum Verholen von Schiffen
fast nie benutzt. Sie dienen hauptsächlich zum Handbetrieb der
Schütze und Tore.

Die beiden elektrisch betriebenen Spille erhalten ihren Antrieb von Elektromotoren, welche bei 260 Umdrehungen in der
Minute eine Leistung von 20 PS besitzen. Die Übertragung der
Bewegung vom Motor zur vertikalen Spillwelle erfolgt durch ein
Stirnräder- und ein Kegelräderpaar. In der Spilltrommel befindet sich ein ausrückbares Planetengetriebe. Wird die Spilltrommel von der vertikalen Welle aus direkt bewegt, so beträgt
die Zugkraft der elektrisch betriebenen Spille 5000 kg bei einer
Umfangsgeschwindigkeit von 0,20 m pro Sekunde. Bei Einschaltung der Planetenräder ergibt sich eine Zugkraft von 10000 kg
mit einer Umfangsgeschwindigkeit von 0,10 m pro Sekunde.

Zur Aufnahme der sämtlichen Bewegungseinrichtungen besitzt die Schleuse, im Mauerwerk ausgespart, 12 Gruppen von
Maschinenkammern. Die Maschinen von je zwei auf derselben
Seite eines Schleusenhauptes liegenden Kellern werden von einer
gemeinsamen Schaltsäule aus gesteuert. Im oberen Teile der
Schaltsäule befinden sich zwei Handhebel, von denen der eine
zum Einschalten der Flut- oder Ebbeseite des betreffenden
Hauptes, der andere zum Einschalten der betreffenden Schütz-
oder Torantriebe dient.

Sämtliche Bewegungseinrichtungen sind so in den Kammern
untergebracht, dafs aufser den Spilltrommeln und den Schaltsäulen keinerlei Teile über die Plattform hervorragen. In jedem
Maschinenkeller befinden sich die Einrichtungen zum Betriebe
eines Torflügels und eines Schützes. Die beiden Keller zu den
Fluttorflügeln im Mittelhaupt enthalten aufserdem noch die Winde
eines elektrisch betriebenen Spills.

Tafel VI zeigt das Schaltschema eines die Antriebe für einen
Torflügel und ein Schütz enthaltenden Kellers. In der Schaltkammer befinden sich ein Gruppenumschalter (*H*), zwei auto-
matische Umschaltapparate (*I* und *K*) und ein automatischer
Anlafswiderstand (*F*). Während Torantrieb und Schützantrieb
je einen besonderen Umschaltapparat besitzen, genügt, da Tor
und Schütz nicht gleichzeitig bewegt werden, für beide ein gemeinsamer Anlafswiderstand. Die Umschaltapparate und der
Anlafswiderstand werden je durch einen kleinen Elektromotor
von 0,1 PS Leistung betätigt. Die Verbindung zwischen den beiden
Schaltsäulen und den vier Maschinengruppen eines Hauptes ist
eine derartige, dafs man von jeder der beiden Schaltsäulen aus
sowohl jeden Antrieb einzeln, als auch zwei zusammengehörige
Antriebe (z. B. zwei Fluttorflügel, zwei Ebbeschütze etc.) gleichzeitig betätigen kann.

Soll z. B. der nördliche Fluttorflügel geöffnet werden, dann
wird zunächst der eine der beiden Handhebel in einer der zwei
Schaltsäulen auf »Flut« gestellt. Hierdurch werden die beiden
entsprechenden Magnetspulen des in der Schaltkammer befindlichen Gruppenumschalters *H* derart erregt, dafs der Umschalter

durch eine Drehung von 45⁰ die Verbindung der Maschinen der
Flutseite mit der Stromleitung vorbereitet. Hierauf wird der
zweite ·Handhebel der Schaltsäule auf »nördliches Tor öffnen«
gestellt. Von der positiven Anschlußschiene aus gelangt nun
der Strom durch die schwach gezeichnete Apparatleitung über
die Abzweigstelle *a* zum Magnetschalter *b* des selbsttätigen Um-
schalters. Der Magnetumschalter dreht sich nebst der mit ihm
auf gemeinsamer Welle sitzenden Scheibe 1 um 45⁰ und stellt
dadurch eine leitende Verbindung zwischen Scheibe 1 und
Scheibe 2 her. Von der Bewicklung des Magnetumschalters geht
der Strom weiter zur Spule *c* des automatischen Hauptstrom-
ausschalters, und von hier über *d* zur Rückleitung. Durch das
Hereinziehen des Eisenkernes in die Spule *c* wird der Hauptstromschalter *G* geschlossen und der mit der oberen Verlängerung des
Eisenkernes verbundene Doppelschalter *i* der Apparatleitung auf
die beiden unteren Kontaktknöpfe gelegt.

Gleichzeitig gelangt von *a* aus der Strom über die Abzweigstelle *e* zur Scheibe 1 und zum Kontakt *f* der Scheibe 3. Da
die Scheiben 1 und 2 jetzt leitend miteinander verbunden sind,
gelangt der in 1 eintretende Strom über Scheibe 2 zum kleinen
Steuermotor *M* und setzt diesen in Bewegung. Der Motor überträgt mittels Schnecke und Stirnradvorgelege seine Bewegung auf
die mit den Scheiben 2, 3, 4 und 5 ausgerüstete Schaltwelle.
Durch diese Drehung werden die beiden zur Scheibe 3 gehörigen
Kontakte *f* und *g* in leitende Verbindung gebracht und dadurch
der von der Abzweigstelle *e* kommende Strom zur Magnetwick-
lung *h* des den Anlasser betätigenden Hilfsmotors *L* geleitet.
Von *h* gelangt der Strom durch die obere Schiene des Schalters *i*
zum Anker *k*, und von hier über die untere Schiene des Schalters
über *l*, *m* und *n* zur Rückleitung.

Der zum Betrieb des Tormotors *D* erforderliche Strom gelangt von der positiven Anschlußschiene aus durch die stark
gezeichnete Hauptleitung über den Schalter *A* und die Magnet-
wicklung *B* zur Abzweigstelle *C*. Da durch die vorhin erwähnte
Drehung der Welle des Schaltapparates die zu den Scheiben 4
und 5 gehörigen Kontakte in leitende Verbindung gebracht worden

sind, geht der Hauptstrom von der Abzweigstelle C aus über die Scheiben 4 und 5 zum Anker D. Von hier gelangt er über das Starkstromrelais E und den Anlafswiderstand F zum Hauptstromausschalter G, um dann zur negativen Anschlufsschiene zurückzugehen. Bei Beginn der Bewegung des Hauptmotors sind sämtliche Widerstände des Anlassers eingeschaltet; durch die Tätigkeit des kleinen Steuermotors L werden dieselben nacheinander ausgeschaltet, sodafs nach ca. 10 Sekunden sämtliche Widerstände kurz geschlossen sind. Sobald das geschehen ist, schaltet sich der kleine Hilfsmotor selbsttätig aus.

Kurz vor Beendigung des Torweges öffnet der die Torschubstange tragende Wagen den Kontakt des Endausschalters. Durch die Unterbrechung dieses Stromkreises wird die Spule c stromlos, so dafs der Eisenkern aus derselben zurückgeht. Infolgedessen wird der Hauptstromschalter G geöffnet und der Doppelschalter i auf die oberen Kontakte gelegt. Hierdurch wird die Stromrichtung im kleinen Hilfsmotor L umgekehrt, so dafs derselbe zurückläuft und den Anlafswiderstand wieder in seine Anfangsstellung zurückbringt. Da gleichzeitig der Wendemagnet b stromlos geworden war, werden durch die Rückwärtsbewegung der Scheibe 1 die Verbindungen zwischen den Scheiben 1 und 2 umgelegt, so dafs auch der Hilfsmotor M zurückläuft und die Schaltwalze wieder in ihre Anfangslage zurückbringt. Die Vorgänge zum Schliefsen des Torflügels bzw. zur Bewegung der Schütze spielen sich in ganz ähnlicher Weise ab.

8. Kraftverbrauch beim Schleusen.

Das Stromnetz der Schleusenanlage ist im Dreileitersystem ausgeführt. Wie bereits erwähnt wurde, besitzt die Akkumula·torenbatterie 124 Zellen zur Abgabe eines Betriebsstromes von 220 Volt Spannung. Ursprünglich war geplant, die sämtlichen Motoren zwischen die beiden Aufsenleiter des Netzes zu schalten. Bei Versuchen, welche mit Strom von 200 Volt, 160 Volt, 135 Volt und 100 Volt Spannung, an den Motorklemmen gemessen, gemacht wurden, stellte sich jedoch heraus, dafs der Energieverbrauch bei 100 Volt wesentlich geringer ist, als bei

den höheren Spannungen. So erforderte z. B. das Schliefsen
eines Ebbetorflügels im Aufsenhaupt bei einer Stromspannung von
200 Volt und einer Dauer von 72 Sekunden 0,26 KW-Stunden,
bei einer Spannung von 100 Volt und einer Dauer von
120 Sekunden dagegen nur 0,19 KW-Stunden.

Aus diesem Grunde entschlofs man sich dazu, für den
Betrieb der Motoren Strom von 110 Volt Spannung zu benutzen
und den Betriebsstrom aus einer Hälfte der Akkumulatorenbatterie zu nehmen. Am Schaltbrett ist ein Umschalter an-
gebracht, mit welchem zwecks gleichmäfsiger Entladung beider

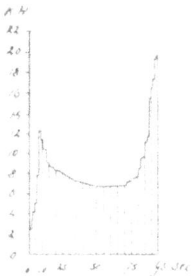  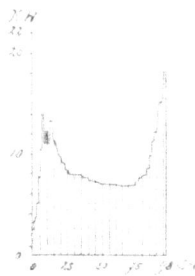 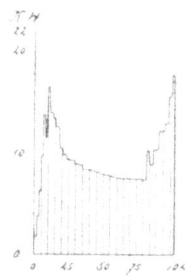

Fig. 21.   Fig. 22.   Fig. 23.   Fig. 24.

Batteriehälften das äufsere Netz der neuen Schleuse sowohl auf
die eine, als auch auf die andere Hälfte der Batterie geschaltet
werden kann. Ist die Akkumulatorenbatterie aufser Betrieb, dann
kann der Schleusenbetrieb direkt von den Dynamomaschinen aus
mit einer Spannung von 220 Volt erfolgen.

Die Figuren 21—24 zeigen den Energieverbrauch für die
Bewegung eines Ebbetorflügels im Binnenhaupt. Fig. 21 stellt
den Energieverbrauch für das Öffnen, Fig. 22 für das Schliefsen
dieses Torflügels dar, wenn die drei übrigen Torflügel des
Binnenhauptes geöffnet sind; Fig. 23 und 24 stellen in gleicher
Weise den Stromverbrauch desselben Torflügels dar, wenn die
drei übrigen Torflügel geschlossen sind. Während nach Fig. 22
das Schliefsen eines Ebbetorflügels, wenn die drei übrigen
Flügel desselben Hauptes geöffnet sind, bei einer Zeitdauer von
99 Sekunden 0,233 KW-Stunden erfordert, sind nach Fig. 24
für das Schliefsen desselben Torflügels, wenn die drei anderen

Torflügel geschlossen sind, bei einer Zeitdauer von 104 Sekunden 0,238 KW-Stunden erforderlich. Im übrigen lassen auch diese Diagramme, in ähnlicher Weise wie die in Fig. 11—18 dargestellten Diagramme, deutlich das Anpassen des Energieverbrauches an die jeweilige Gröfse der Bewegungswiderstände erkennen.

V. Kapitel.
Der gemischte Betrieb.

In neuester Zeit sind einige Kanalschleusen gebaut worden, bei welchen die Umlaufkanäle mit Hotoppschen Hebern ausgerüstet worden sind, während die Tore elektrisch betrieben werden. Es sind dieses die Schleusenanlage bei Klein-Machnow des Teltowkanals und die neuen Schleusen bei Kersdorf und Wernsdorf des Oder-Spreekanals, die in diesem Jahre dem Verkehre übergeben werden sollen und für welche die mechanischen Einrichtungen vom Verfasser entworfen und auch gröfstenteils ausgeführt worden sind.

Die nutzbare Kammerlänge der neuen Schleusen bei Kersdorf und Wernsdorf beträgt 57,00 m, die lichte Breite, auch in den Toren, 9,80 m und das mittlere Schleusengefälle 2,50 m bzw. 4,50 m. Im Oberhaupt erfolgt der Abschlufs der Schleusenkammer durch ein Klapptor, im Unterhaupt durch ein zweiflügeliges Stemmtor. Die Umlaufheber, welche im Scheitel eine lichte Breite von 1500 mm, entsprechend der Kanalbreite, und eine lichte Höhe von 900 mm haben, sind jedoch nicht wie beim Elbe-Travekanal mit eisernen Schenkeln versehen, sondern nur in ihrem oberen, gebogenen Teile aus weichen Flufseisenblechen genietet.

Vorläufig erhält weder die Kersdorfer, noch die Wernsdorfer Schleuse eine Saugglocke. Für das erstmalige Inbetriebsetzen der Heber nach längeren Betriebspausen ist im Maschinenhause ein Gebläse vorgesehen, welches sowohl durch einen kleinen

Elektromotor, als auch durch Hand betrieben werden kann. Ob nun die Heber imstande sind, sich selbst ohne Hinzunahme einer Saugglocke in Betrieb zu erhalten, ob der Blower bei jeder Schleusung in Betrieb gesetzt werden muſs, oder ob sich doch noch die Anlage einer Saugglocke als zweckmäſsig erweist, soll durch Versuche, welche Herr Regierungsrat G r ö h e und Herr Wasserbauinspektor Z i l l i c h demnächst anstellen wollen, fest-gestellt werden. Nach Ansicht des Verfassers werden, nachdem die in Beton hergestellten Schenkel gut gedichtet worden sind, für den regelrechten Betrieb die Heber imstande sein, sich gegenseitig ohne Saugglocke oder Gebläse in Betrieb zu erhalten.

Die für den Betrieb der Tore und der Spille erforderliche elektrische Energie wird durch Dynamomaschinen erzeugt, welche von Turbinen angetrieben werden. Für Kersdorf ist eine normale Francis-Turbine mit vertikaler Welle, für Wernsdorf eine Francis-Spiralturbine mit horizontaler Welle gewählt worden. In dem vom Verfasser ausgearbeiteten Entwurf ist geplant, die Turbinenanlage täglich zweimal, und zwar einmal in den frühen Vormittagsstunden und einmal in den späten Nachmittagstunden, je mehrere Stunden, laufen zu lassen. Der während dieser Zeit von der Dynamomaschine erzeugte Strom wird in einer Akkumulatoren-batterie mit einer Kapazität von 75 Amp.-Stunden aufgespeichert, um derselben für die einzelnen Spill- und Torbewegungen, sowie für die Beleuchtung, entnommen zu werden.

Jede Schleuse hat 3 elektrisch betriebene Spille erhalten. Für dieselben war eine, nach Ansicht des Verfassers übrigens etwas reichlich bemessene, normale Zugkraft von 1000 kg bei 0,4 m Seilgeschwindigkeit verlangt. Beim Ingangsetzen der Spille soll für kurze Zeit die Zugkraft, ohne die Motoren schädlich zu überanstrengen, auf das Doppelte gesteigert werden können. Dementsprechend erhielten die Spille Hauptstrommotoren mit einer Leistung von 8 PS.

Für die Torantriebe war die Bedingung gestellt worden, die Tore noch gegen eine Wasserspiegeldifferenz von 10 cm öffnen zu können. Das im Oberhaupt befindliche Klapptor wird auf beiden Schleusen durch zwei Drahtseile bewegt, die zu einer mit einem 2,5 PS Motor versehenen Winde führen. Der Angriff der Seile am Klapptor ist einseitig.

Im Unterhaupt der Kersdorfer Schleuse sind die Stemmtor-flügel mit Zahnstangen-Angriff versehen. An jeden Torflügel greift nahe der oberen Torkante ungefähr in der Mitte des Flügels eine Zahnstange (Triebstockstange) an, welche von einer Winde, die einen 2,5 PS Elektromotor besitzt, angetrieben wird. In Wernsdorf werden die Stemmtorflügel des Unterhauptes durch Drahtseile bewegt. Sämtliche Seile sind zu einer auf der dem Maschinenhause gegenüberliegenden Seite montierten Winde ge-führt, welche einen Elektromotor mit einer normalen Leistung von 5 PS erhalten hat. Für sämtliche Torantriebe und die Spille sind Hauptstrommotoren benutzt worden, da diese bei Einleitung der Bewegung fast das Doppelte der normalen Zugkraft leisten können, ohne dafs der Motor darunter leidet.

Die Torantriebe sind in im Betonkörper der Schleuse aus-gesparten Gruben und Kanälen derart untergebracht, dafs keine Teile über die Schleusenplattform hervorragen.

Der Steuerapparat für die Hotoppschen Heber befindet sich im Maschinenhause. Die Spille werden durch eine Fufstritt-einrichtung an Ort und Stelle betätigt. Die Torantriebe sind so konstruiert, dafs sie sowohl vom Maschinenhause aus, als auch an Ort und Stelle gesteuert werden können.

VI. Kapitel.

Vergleich der verschiedenen Betriebssysteme in technischer Beziehung.

Bei einem Vergleich der verschiedenen Betriebsarten in rein technischer Hinsicht drängt sich zunächst die Frage nach dem Verhalten der einzelnen Systeme gegenüber dem hohen Feuch-tigkeitsgehalt der Luft in den Maschinenkammern auf. Die An-triebseinrichtungen sind in der Regel in Kammern und Gruben

untergebracht, welche entweder vollständig unterhalb der Schleusenplattform im Mauerwerk liegen, oder doch ziemlich tief in dasselbe herabreichen. Zur Aufnahme der die Tore bewegenden
Zahn- oder Schubstangen müssen von den Windenkammern
Kanäle zur Schleusenkammer geführt werden.

Wenn sich auch in den meisten Fällen ein direktes Herein-
dringen des Wassers durch diese Kanäle verhindern läfst, indem
man sie so hoch legt, dafs selbst bei den höchsten Wasserständen
ein Eintreten des Wassers nicht zu befürchten ist, so kann man
die Bildung von Schwitzwasser in den Kammern doch nicht vermeiden. Die feuchte Luft kondensiert sich an den kalten Wandungen und der Decke, und namentlich von der letzteren tropft
dann das Wasser auf die Maschinen und Apparate herab.

Für den pneumatischen und hydraulischen Betrieb spricht
zunächst, dafs die feuchte Luft und selbst vorübergehende Wasser-
ansammlungen in den Gruben und Kanälen den Betriebseinrichtungen fast gar nicht schaden. Beim elektrischen Betriebe hingegen ist die Feuchtigkeit der Luft sehr störend. Gegen gröfsere
Störungen hat man sich bei den Ausführungen der einzelnen
Anlagen auf die verschiedenste Weise zu schützen versucht, indem
man alle empfindlichen Teile der elektrischen Ausrüstung wasserdicht eingekapselt und entweder an möglichst geschützten Stellen
in den Maschinenkammern oder sogar in besonderen Räumen
aufgestellt hat.

In Ymuiden hat man den elektrischen Teil vollständig vom
mechanischen Teil der Windwerke getrennt. Man hat zunächst
die Motoren durch eine Zwischenwand von den mit der Schleusenkammer und den Umlaufkanälen in Verbindung stehenden
Räumen getrennt und die von den Motoren zu den Windwerken
führenden Wellen mittels Stopfbüchse durch die Mauer geführt.
Um namentlich die Anlafs- und Schaltapparate zu schützen, hat
man sie für jede Antriebsgruppe in einer besonders geschützt
liegenden Kammer untergebracht. Doch auch in dieser zeigte
sich noch Schwitzwasser an den Wänden und der Decke. Das
Herabtropfen desselben auf empfindliche Teile der Apparate wird
durch über diese gehängte Blechschirme vermieden.

In der Schleusenanlage bei Münster sind die zur Aufnahme der Antriebsvorrichtungen dienenden Gruben teilweise in das Mauerwerk eingelassen und durch große schmiedeiserne Kästen überdeckt. Da diese überdeckten Gruben direkte Verbindung mit dem Wasser haben, ist die in ihnen befindliche Luft sehr feucht. Das Herabtropfen des Wassers von den Decken der eisernen Gehäuse suchte man dadurch zu vermeiden, daß man die Unterseite der Eisendecke mit Kork verkleidet hat. Bei der Seeschleuse in Leer hat man Anlasser und Widerstände aus den Windenkellern gänzlich fortgelassen und in zwei besonderen Steuerhäuschen, von denen das eine am Binnenhaupt, das andere am Aussenhaupt steht, untergebracht.

Ein weiterer Vorzug des pneumatischen und hydraulischen Betriebes sind die Einfachheit und Übersichtlichkeit des von der Zentralstation zu den einzelnen Antrieben führenden Leitungsnetzes. Namentlich aber sind die Steuerapparate bei diesen Betriebsarten sehr einfach und im allgemeinen wenig empfindlich; sie dürfen daher auch anstandslos weniger sorgfältigen Händen überlassen werden. Wenn zwar die Verlegung der einzelnen Leitungen bei elektrischem Betrieb mindestens ebenso einfach ist, so wird doch das Gesamtnetz infolge der verschiedenen Schalt- und sonstigen Apparate meistens kompliziert und ziemlich unübersichtlich. Auch die Steuerapparate sind kompliziert und bedürfen, falls sie nicht ziemlich schnell unbrauchbar werden sollen, der sorgfältigsten Behandlung.

Dagegen bietet der elektrische Betrieb einen wesentlichen Vorteil zunächst durch die Möglichkeit, ohne Schwierigkeiten die Steuerungen so einrichten zu können, daß sämtliche Antriebe sowohl von einer einzigen Zentrale aus als auch an Ort und Stelle gesteuert werden können. In gleich einfacher Weise kann man auch für einzelne Antriebsgruppen, z. B. für jedes einzelne Haupt, wie das bei der Seeschleuse in Leer gemacht worden ist, eine Steuerungszentrale vorsehen.

Eine große Unannehmlichkeit des hydraulischen Betriebes liegt darin, daß Beschädigungen der Leitungen häufig auftreten. Falls nicht sämtliche Teile der Leitung in frostfreier Tiefe im

Erdboden oder in heizbaren Räumen verlegt sind, frieren sehr leicht einzelne Stellen ein. Im günstigsten Falle ist dann der Betrieb der Anlage vollständig unterbrochen; meistens sind jedoch Rohrbrüche die unangenehmen Begleiterscheinungen des Einfrierens der Leitung. Will man sich gegen das Einfrieren durch Verlegen des Netzes in heizbaren Kanälen schützen, so verteuert man hierdurch den Betrieb nicht unwesentlich. Rohr- brüche infolge Einfrierens erfolgen namentlich, wenn beim Über- gang von milderem zu Frostwetter die Kälte plötzlich ziemlich scharf eintritt. Gerade in diesen Tagen aber machen sich Störungen im Schleusenbetrieb am unangenehmsten bemerkbar, da, weil sehr viele Fahrzeuge ankommen, um noch rechtzeitig ihre Winterquartiere zu erreichen, der Verkehr ein aufsergewöhnlich starker ist.

Aber auch in anderen Zeiten treten infolge der durch Tem- peraturschwankungen hervorgerufenen Längenänderungen der einzelnen Rohrstränge leicht Undichtheiten oder Rohrbrüche ein. Hiergegen kann man sich nur durch sehr sorgfältiges Verlegen der Leitungen und Einbauen einer genügenden Anzahl von Aus- dehnungsstücken schützen. Da es jedoch schwierig ist, längere Druckwasserleitungen, welche Temperaturschwankungen ausgesetzt sind, auf die Dauer vollkommen dicht zu halten, wird stets mehr oder weniger Wasser an einzelnen Stellen austreten und die Ursache zu Verschmutzungen der Anlage sein. Ähnliche Störungen sind beim elektrischen Betrieb gänzlich ausgeschlossen. Ist ein gut ausgeführtes Netz einmal zweckentsprechend verlegt worden, dann sind Beschädigungen irgendwelcher Art in demselben kaum zu befürchten.

Auch der pneumatische Betrieb kann durch Frostwetter empfindlich gestört werden. Bei den Hebern kann sich über Nacht oder in Betriebspausen an der Oberfläche des Wassers in den Schenkeln eine verhältnismäfsig starke Eisschicht bilden. Da ferner die Luft in den Saugleitungen einen ziemlich hohen Feuchtigkeitsgrad besitzt, setzt sich, besonders in den Teilen der Rohrleitungen, welche nicht in frostfreier Tiefe im Erdboden liegen, bald eine starke Reifbildung an, die zum vollständigen

Einfrieren der Leitungen führen kann. Aufserdem friert auch
das Entlüftungsrohr des Klapptores leicht ein, so dafs dann das
einmal gehobene Klapptor nicht zurücksinken kann.

Für die leichte Inbetriebsetzung der Umlaufkanäle ist es
zweckmäfsig, die Heber so anzuordnen, dafs die untere Linie
des lichten Scheitelquerschnittes nur wenig über dem gewöhnlichen höchsten Oberwasserstande liegt. Tritt nun aber einmal
an einer Schleuse vorübergehend ein geringes Ansteigen des
Oberwassers, z. B. während der Nacht ein, dann können sich
die Heber leicht selbsttätig in Betrieb setzen und so zu grofsen
Wasserverlusten Aulafs geben. Diese Wasserverluste werden
namentlich dann unangenehm sein, wenn der Kanal künstlich
gespeist werden mufs.

Kaum durchführbar dürfte der pneumatische Betrieb bei
solchen Schleusen sein, deren Gefälle starken Schwankungen
unterworfen ist und zeitweise sehr gering werden kann. Dieser
Fall liegt beispielsweise bei der Kersdorfer Schleuse des Oder-
Spree-Kanals vor. Hier kann bei hohen Unterwasserständen das
Gefälle, welches im Durchschnitt 2,50 m beträgt, bis auf 0,65 m
zurückgehen. Solch ein geringes Gefälle reicht aber weder für
den Druckluftbetrieb der Tore, noch für den Betrieb der für
normale Verhältnisse dimensionierten Saugglocke aus.

Auch für Seeschleusen, deren Wasserstände infolge von Flut
und Ebbe erheblichen Schwankungen unterworfen sind, läfst
sich der Hotoppsche Betrieb nicht anwenden. In den Zeiten,
wo während des Überganges zwischen Flut und Ebbe die Höhen-
differenz zwischen Kanal und Aufsenwasser noch ziemlich gering,
aber schon so grofs ist, dafs die Schiffe ohne Benutzung der
Schleuse nicht durchfahren können, reicht das Gefälle weder für
den Betrieb der Druckluftglocke noch der Saugglocke aus. Ferner
kann, abgesehen davon, dafs wegen der grofsen Verhältnisse der
Schleusenkammer und der Tore sowohl die Umlaufheber und die
Saugglocke, als auch die Druckluftglocke und die Schwimmer
für die Tore gewaltige Dimensionen erhalten müfsten, wenn bei
Schleusungen zur Ebbezeit Wasser von der Kanalseite zur See-
seite abgeleitet werden soll, der Unterschied zwischen Heber-

scheitel und Kammerwasserspiegel leicht so grofs ausfallen, dafs
ein Absaugen des in den Schenkeln befindlichen Luftquantums
auf Schwierigkeiten stöfst. Die Heberscheitel müfsten nämlich
so hoch gelegt werden, dafs selbst bei den höchsten Flutwasserständen ein selbsttätiges Überfliefsen der Heber nicht eintreten
kann.

Ein weiterer Nachteil des hydraulischen Betriebes dem elektrischen gegenüber ist der, dafs, da der Wasserdruck konstant
ist, für die einzelnen Antriebe, unabhängig von der Gröfse des
jeweiligen Widerstandes, stets die gleiche Kraft aufgewendet
werden mufs. Die Druckzylinder sind für den gröfsten zu er-
wartenden Kraftverbrauch zu dimensionieren. Da aber die während der Bewegung auftretenden Widerstände der einzelnen
Antriebe im allgemeinen wesentlich kleiner als der gröfste zu
berücksichtigende Widerstand sind, ist eine nicht unbedeutende
Energieverschwendung die Folge. Ist in Ausnahmefällen der
Widerstand des Antriebes gröfser, als der der Berechnung zugrunde gelegte Widerstand, dann tritt überhaupt keine Bewegung
ein. In der Regel ist für die einzelnen Antriebe zur Einleitung
der Bewegung aus dem Ruhezustande eine verhältnismäfsig grofse
Kraft erforderlich, welche bald darauf ganz bedeutend geringer
wird und in vielen Fällen bis unter die Hälfte ihres Anfangs-
wertes herabsinkt. Diesen Schwankungen des Kraftbedarfes pafst
sich die Druckwassermaschine nicht an. Ihr Arbeitsdiagramm ist
eine Parallele zur Grundlinie im Abstande der Ordinate der gröfsten
Anfangsbelastung (s. Fig. 33); der Betrieb ist also unrationell.

Demgegenüber bietet der elektrische Betrieb den Vorteil,
dafs der Stromverbrauch der Elektromotoren sich vollständig
der Gröfse der zu überwindenden Bewegungswiderstände anpafst
(Fig. 28 und 30) und dafs, speziell bei Benutzung von Hauptstrommotoren, während der Einleitung der Bewegungen die Motoren fast das Doppelte ihrer normalen Leistung abgeben können.

Der Verbrauch an elektrischer Energie läfst sich durch einfache Messungen jederzeit bequem feststellen. Wiederholt man
derartige Messungen von Zeit zu Zeit für die einzelnen Antriebe,
dann erhält man durch eine Vergleichung der einzelnen Dia-

gramme Auskunft darüber, ob die einzelnen Teile der Anlage
sich in gutem Zustande befinden und ob sich irgendwo Kurz-
oder Erdschluſs gebildet hat.

Ferner kann man mit der elektrischen Betriebsanlage der
Schleuse in einfacher Weise die Beleuchtungsanlage verbinden,
so daſs die Anlagekosten für die letztere Anlage auf ein Minimum
reduziert werden.

Die elektrische Energie läſst sich in gröſseren Mengen bequem in einer Akkumulatorenbatterie aufspeichern. Falls mit
der Schleuse keine groſse Beleuchtungsanlage verbunden ist,
kann man, da der Kraftverbrauch für das Schleusen selbst ein
intermittierender ist, eventüell mit einer verhältnismäſsig kleinen
Primärstation auskommen. Je nach der Intensität des Betriebes und
der Gröſse der Batterie wird es genügen, die Dynamomaschine
zum Laden der Batterie täglich nur einmal oder gar wöchentlich
nur zwei- bis viermal, je für einige Stunden in Betrieb zu nehmen.

Zum Schluſs mag noch˙ erwähnt werden, daſs Schleusenanlagen sich oft in gröſseren Orten, in der Nähe solcher, oder
unweit bedeutender Industrieanlagen befinden, die bereits eine
gröſsere elektrische Zentrale besitzen. In solchen Fällen kann
der zum Schleusenbetrieb erforderliche Strom verhältnismäſsig
billig aus dem vorhandenen Leitungsnetz entnommen werden,
so daſs für die Schleusenanlage selbst die Anlage einer besonderen Primärstation nicht erforderlich wird.

VII. Kapitel.
Vergleich der verschiedenen Betriebssysteme in wirtschaftlicher Hinsicht.

1. Umfang des Vergleichs.

Für einen wirtschaftlichen Vergleich der verschiedenen Betriebssysteme soll zunächst eine dem Binnenverkehr dienende
Kanalschleuse für Schiffe bis 600 t und darauf eine für den
Verkehr der gröſsten Seeschiffe bestimmte Seeschleuse näher betrachtet werden.

Es ist jedoch nicht beabsichtigt, eine eigentliche Rentabilitäts-berechnung dieser Schleusen durchzuführen.. Derartige Berech-nungen lassen sich mit einiger Genauigkeit selbst dann kaum ausführen, wenn in speziellen Fällen sämtliche für die Frequenz, die Art der beförderten Güter, die Wasserverhältnisse, Bau-arbeiten, Ländereiankäufe usw. in Betracht kommenden Faktoren durch jahrelange Beobachtungen bzw. umständliche Unter-suchungen und Vorarbeiten festgestellt worden sind.

In den Bereich der Untersuchungen sollen die bautechnischen Arbeiten, welche den weitaus gröfsten Teil der Anlagekosten be-anspruchen, nicht hineingezogen werden, da auf sie die Wahl des Betriebssystems ohne wesentlichen Einflufs ist. Es soll viel-mehr die Frage untersucht werden, ob sowohl mit Rücksicht auf die einmaligen Anschaffungskosten als auch auf die laufenden Unterhaltungs- und Betriebskosten hydraulischer, pneumatischer oder elektrischer Betrieb der zweckmäfsigste ist. Die in den nachstehenden Untersuchungen angeführten Preise und Betriebs-kosten beziehen sich zum Teil auf vom Verfasser angefertigte und ausgeführte Entwürfe, zum Teil sind sie anderweitigen Aus-führungen aus neuerer Zeit entnommen.

Obwohl in den vorhergehenden Kapiteln Schleusenanlagen sämtlicher Betriebssysteme geschildert worden sind, lassen sich dieselben für einen wirtschaftlichen Vergleich doch nicht ohne weiteres einander gegenüberstellen, da die allgemeinen Verhält-nisse und Dimensionen der einzelnen Anlagen wesentlich von-einander abweichen. Es sollen daher für die Aufstellung des Vergleiches allgemeine Beispiele betrachtet werden, deren Dimen-sionen als Durchschnittswerte gelten können.

2. Die Kanalschleuse.

Der Untersuchung soll eine Schleuse zugrunde gelegt werden, welche zwischen den Toren eine Länge von 70 m, in der Kammer und den Toröffnungen eine lichte Breite von 10 m, über den Drempeln eine Wassertiefe von 2,5 m und ein normales Gefälle von 6 m besitzt. Sowohl im Oberhaupt als auch im Unterhaupt

erfolgt der Abschluſs der Schleusenkammer durch ein zweiflügeliges Stemmtor. Die Schleuse hat zwei Umlaufkanäle von
je 3,00 qm Querschnitt, welche im Oberhaupt und Unterhaupt
je ein Rollschütz besitzen. Auf jeder Seite der Schleusenkammer
liegt, entsprechend der Sparschleuse bei Münster (Tafel IV), ein
oberes und unteres Sparbecken. Die Verbindung dieser vier
Sparbecken mit der Schleusenkammer erfolgt durch vier Zylinderventile von je 1750 mm Durchmesser. Zum Verholen der Schiffe
ist die Schleuse an ihren Enden mit je einem Spill ausgerüstet.

Der Verkehr auf den einzelnen Kanalschleusen ist bekannt-
lich ein sehr verschiedener. Für das zu untersuchende Beispiel
soll angenommen werden, daſs der Verkehr auf dem die Schleuse
besitzenden Kanal ein ziemlich lebhafter bzw. ein derart zu-
nehmender ist, daſs schon wenige Jahre nach Inbetriebnahme
der Schleuse ein sehr reger Verkehr sich voraussichtlich ent-
wickelt haben wird, so daſs im Interesse der schnellen Abfertigung
der die Schleuse passierenden Fahrzeuge die Zeitdauer für sämtliche Bewegungen auf ein Mimimum reduziert werden muſs.
Dementsprechend ist für den Entwurf die Bedingung gestellt,
daſs eine vollständige Doppelschleusung (Abwärtsschleusung mit
gleich anschlieſsender Aufwärtsschleusung), gemäſs den in den
Diagrammen Fig. 32 und 34 enthaltenen Zeitaufwänden für die
einzelnen Operationen, die gesamte Zeitdauer von 35 Minuten
nicht überschreiten darf.

In verkehrsarmen Zeiten (bis ca. acht Doppelschleusungen
pro Tag) und in Zeiten mit mäſsigem Verkehr (bis ca. 20 Doppelschleusungen pro Tag) soll die Schleusenanlage täglich von 6 Uhr
Vormittags bis 7 Uhr Abends in Betrieb gehalten werden, wobei
eine Ablösung der Betriebsmannschaften nicht erforderlich ist.
Sobald jedoch der Verkehr sehr lebhaft geworden ist, soll die
Schleuse täglich von 5 Uhr Vormittags bis 10 Uhr Abends in Betrieb bleiben, so daſs, wenn Störungen oder Unfälle nicht eintreten,
ca. 30 Doppelschleusungen stattfinden können. Hierbei sollen
die Bedienungsmannschaften mit Ablösung in zwei Schichten
arbeiten. In Ausnahmefällen soll auch vollständiger Nachtbetrieb
stattfinden. Die Betriebskosten für diese verschiedenen Fälle

sind weiter unten in einem Diagramm zusammengestellt. Vorläufig ist die Gröfse des Kraftverbrauchs und die Stärke der
Motoren für die verschiedenen Bewegungen festzustellen.

Zunächst mag noch vorausgeschickt werden, dafs für Schleusen
mit geringem Verkehr, bei denen daher auch die Zeitdauer für
die einzelnen Bewegungen nicht ins Gewicht fällt, infolge der
Einfachheit der Anlage die Anschaffungs- und Unterhaltungskosten, und, falls der Kanal reichlich Wasser hat, auch die
Betriebskosten für den pneumatischen Betrieb ohne Frage geringer
ausfallen, als für die beiden anderen Betriebsarten. Auf Grund
der für unser Beispiel gemachten Voraussetzung mufs indes, um
die Schiffe schnell verholen zu können, die Schleuse mit Spillen
ausgerüstet und die Zeit für die Tor- und Schützbewegungen
auf ein Minimum reduziert werden. Da der pneumatische Betrieb daher ohne weiteres ausscheidet, hat sich unsere Untersuchung nur noch auf den hydraulischen und elektrischen Betrieb zu erstrecken.

Es dürfte jedoch nicht ohne Interesse sein, im Anschlufs
an die Gegenüberstellung des hydraulischen und elektrischen
Betriebes noch zu untersuchen, ob der in Kapitel V geschilderte,
in den letzten Jahren einigemal zur Ausführung gelangte gemischte
Betrieb (elektrischer Betrieb für Tore und Spille mit Anordnung
von Hotoppschen Hebern für die Umlaufkanäle) dem rein
elektrischen Betriebe gegenüber wirklich derartige Vorteile bietet,
dafs man sich auf Grund derselben dazu entschliefsen kann, von
einem einheitlichen Betriebssystem Abstand zu nehmen.

Zur Bestimmung des für die Bewegung der Torflügel erforderlichen Kraftaufwandes sind die Zapfenreibungen, der Winddruck, der Widerstand der Torflügel im Wasser und der Widerstand gegen einen etwaigen Wasserüberdruck zu berücksichtigen.
Die Zapfenreibungen lassen sich, da sich der untere Spurzapfen
stets im Wasser befindet und der obere Halszapfen bequem ge-
schmiert werden kann, leicht auf ein geringes Minimum redu-
zieren, wenn man das Tor mit Luftkästen versieht. Auch die
Wasserwiderstände des Torflügels sind bei geringen Geschwindig-
keiten verhältnismäfsig klein; sie lassen sich aufserdem durch

4 *

Rechnung nicht genau feststellen, da das Durchfliefsen des Wassers durch den schmalen Zwischenraum zwischen den Schlagsäulen

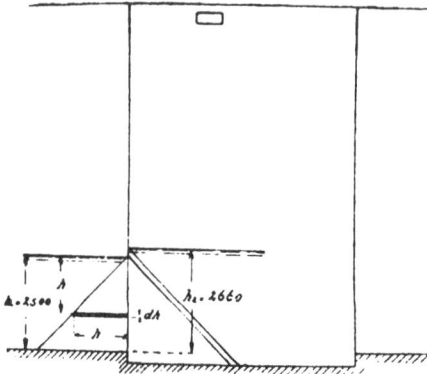

Fig. 25.

bei nahezu geschlossenem Tor, der Anstau des Wassers vor den in Bewegung befindlichen Torflügeln und das Ausfliefsen des zwischen Mauer und Torflügel aufgestauten Wassers aus der Nische bei nahezu geöffnetem Tor sich rechnerisch nicht verfolgen lassen. Die Gröfse des Winddruckes ist abhängig von der Stärke des Windes und dem Winkel, unter welchem derselbe das Tor trifft.

Der Ausgleich der Wasserspiegel zu beiden Seiten des Tores verzögert sich um so mehr, je geringer der Höhenunterschied zwischen den beiderseitigen Wasserständen wird. Zwecks Zeitersparnis empfiehlt es sich deshalb, die Torantriebe so auszubilden, dafs ein Öffnen der Tore bereits vor dem vollständigen Ausgleich der beiderseitigen Wasserstände beginnt. Da nun im Vergleich zu dem durch den einseitigen Wasserüberdruck hervorgerufenen Widerstande die Reibungs- und

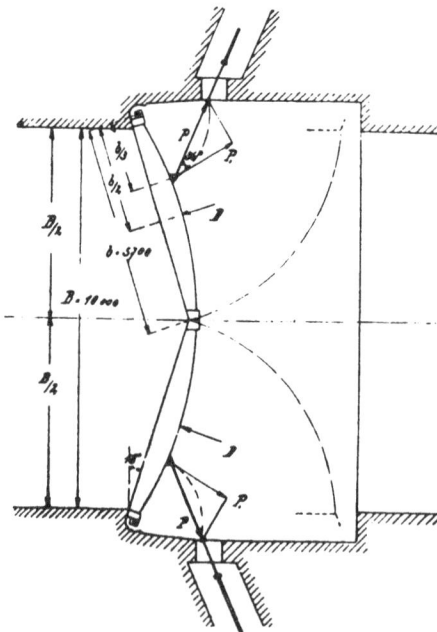

Fig. 26.

Bewegungswiderstände der Torflügel gering sind, pflegt man für die Bestimmung der Torantriebe die Bedingung zu stellen, dafs ein Öffnen der Torflügel bereits gegen einen gewissen Wasserüberdruck beginnen und innerhalb einer bestimmten Zeit erfolgen mufs.

Für unser Beispiel mag, zunächst für den elektrischen Antrieb, folgende Bedingung gegeben sein: »Das Öffnen der Tore
soll, vorausgesetzt, dafs die mit Luftkästen versehenen Torflügel
gut montiert sind, bei ungefährer Windstille bereits beginnen,
wenn der Wasserüberdruck noch ca. 16 cm beträgt. Dabei darf
die ganze, für das Öffnen der Torflügel erforderliche Zeit 30 Sekunden nicht überschreiten.« Nach Fig. 26 greift die Zahnstange
in einem Radius $R = \dfrac{b}{3} = 1900$ mm am Torflügel an. Dementsprechend beträgt die mittlere Geschwindigkeit des Angriffspunktes
in Richtung der Kraft $v = 75$ mm pro Sekunde. Der infolge
einer Differenz der beiderseitigen Wasserstände von 16 cm auf
den Torflügel wirkende Überdruck beträgt nach Fig. 25

$$D = \int_{0}^{h_2} \frac{h \cdot dh \cdot \gamma \cdot b}{1000} - \int_{0}^{h_1} \frac{h \cdot dh \cdot \gamma \cdot b}{1000}$$

$$D = \frac{b \cdot \gamma}{1000} \left[\int_{0}^{h_2} h \cdot dh - \int_{0}^{h_1} h \cdot dh \right]$$

$$D = \frac{b \cdot \gamma}{1000} \left[\frac{h_2^2}{2} - \frac{h_1^2}{2} \right]$$

$$D = \frac{b \cdot \gamma}{2 \cdot 1000} \left[h_2^2 - h_1^2 \right]$$

$$D = \frac{570 \cdot 1}{2 \cdot 1000} \cdot 8256$$

$$D = 2353 \text{ kg.}$$

Auf den Angriffspunkt der Zahnstange bezogen, ergibt sich in
Richtung der letzteren

$$P = 4362 \text{ kg.}$$

Mit Rücksicht auf die Zapfenreibungen, die Wasserwiderstände und die Beschleunigungswiderstände kann angenommen
werden, dafs wenige Sekunden nach Einschaltung des Elektromotors, bevor also ein bemerkenswerter weiterer Abflufs des
Wassers stattgefunden hat, die Treibkraft in der Zahnstange
ca. 4500 kg bei einer Geschwindigkeit von 45 mm pro Sekunde
beträgt. Zur Leistung dieser Arbeit mufs der Elektromotor mit

$$N = \frac{P \cdot v}{\eta \cdot 75} \ PS$$

arbeiten.

Da das Windwerk des Torantriebes eine Schneckenübersetzung enthält, beträgt der gesamte Wirkungsgrad des ganzen Antriebes $\eta = 0,45$, also

$$N = \frac{4500 \cdot 0,045}{0,45 \cdot 75}$$

$$N = 6 \; PS.$$

Da bald nach Einleitung der Bewegung der Widerstand wesentlich abnimmt, ist ein Motor W D 5—400 der Union E. G. mit einer normalen Leistung von 5 PS gewählt, welcher bei einer

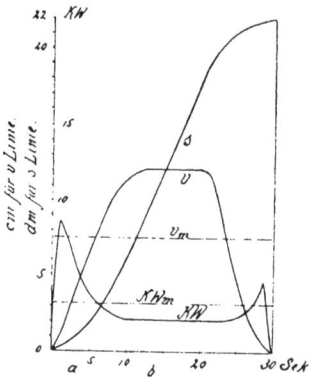

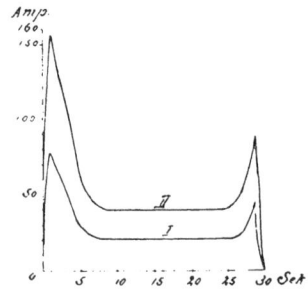

Fig. 27.   Fig. 28.

Leistung von 6 PS in der Minute 435 Umdrehungen macht und einen Energieverbrauch von 5,75 KW hat.

Unmittelbar nach Einschaltung des Elektromotors erreicht der Energieverbrauch momentan einen maximalen Wert, der den vorhin berechneten noch überschreitet. Nach ca. 8 bis 10 Sekunden ist jedoch noch soviel Wasser durch die Umlaufkanäle und die an den Schlagsäulen sich bildende Öffnung abgeflossen, dafs der Energieverbrauch nunmehr seinen für den mittleren Teil der Bewegung nahezu konstanten Minimalwert erreicht hat. Kurz vor Beendigung des Weges findet infolge der starken Anstauung des Wassers in der Tornische nochmals eine erhebliche Steigerung des Energieverbrauches statt. Auf Grund zahlreicher Beobachtungen darf angenommen werden, dafs unter normalen Verhältnissen eine in der Zahnstange wirkende Kraft von ca. 600 kg genügt, um den Torflügel während des mittleren Teiles der

Bewegung mit einer Geschwindigkeit des Zahnstangenangriffspunktes von ca. 120 mm pro Sekunde zu bewegen. Diesem Werte entspricht eine Leistung des Elektromotors von

$$N = \frac{600 \cdot 0{,}120}{0{,}45 \cdot 75}$$

$$N = \sim 2{,}1 \, \text{PS}$$

Bei dieser Leistung macht der Motor pro Minute 1170 Umdrehungen mit einem Energieverbrauch von 2,1 KW. Nimmt man einen durchschnittlichen Leitungsverlust von 3% an, so ergibt sich für den oben erwähnten Zeitpunkt (*a* Fig. 27) bald nach Beginn der Bewegung in der Primärstation ein Energieverbrauch von 5,92 KW und für den mittleren Teil der Bewegung (*b* Fig. 27) ein solcher von 2,16 KW pro Torflügel. Fig. 27 stellt den Energieverbrauch für die Bewegung eines Torflügels in KW, die Geschwindigkeitsverhältnisse (Kurve *v*) und den zurückgelegten Weg (Kurve *s*) der Zahnstange dar. Kurve I in Fig. 28 zeigt den Stromverbrauch in Ampère für die Bewegung eines Torflügels, Kurve II für die Bewegung beider Flügel eines Tores. Fig. 28 zeigt übrigens ziemlich grofse Übereinstimmung mit den in Fig. 11 bis 14 dargestellten Diagrammen. Das Schliefsen der Tore erfordert fast den gleichen Stromverbrauch, wie das Öffnen derselben.

Für den Energieverbrauch der Spille kommen Gröfse, Breite und Form der Schiffe, Beladung und Tiefgang derselben, Richtung und Stärke des Windes usw. in Betracht. Da diese Faktoren für jedes einzelne durchzuschleusende Fahrzeug anders ausfallen, läfst sich ein genauer, für alle Fälle passender Wert für die Gröfse des Energieverbrauches naturgemäfs nicht angeben. Um den Vergleich indes auch über den Energieverbrauch der Spille ausdehnen zu können, werde als Mittelwert angenommen, das Spill wirke zwei Minuten lang auf ein vollbeladenes Schiff von 400 t. Während der in der ersten Minute stattfindenden Beschleunigung beträgt die Zugkraft im Seile im Durchschnitt ca. 600 kg bei einer mittleren Geschwindigkeit von 0,35 m; in der zweiten Minute durchschnittlich ca. 200 kg bei einer mittleren Geschwindigkeit von 0,70 m. Da bei Einleitung der Bewegung der Widerstand weit über 600 kg ansteigt, erhält das Spill einen Motor WD5—400 der Union E. G., der im vorliegenden Falle in der ersten Minute durchschnittlich mit

$$N = \frac{P \cdot v}{\eta \cdot 75}$$

$$N = \frac{600 \cdot 0,35}{0,58 \cdot 75} = 4,8 \text{ PS}$$

arbeitet und hierbei einen Energieverbrauch von 4,4 KW hat. In der zweiten Minute arbeitet der Motor mit

$$N = \frac{200 \cdot 0,70}{0,58 \cdot 75}$$

$$N = 3,2 \text{ PS}$$

bei einem Energieverbrauch von 2,9 KW. Der mittlere Energie-verbrauch beim Verholen des Schiffes be-trägt im vorliegenden Falle, in der Primär-station gemessen, 3,8 KW.

Der zum Heben der Rollschütze not-wendige Kraftverbrauch ergibt sich, wenn die an einer Kette hängende Schütztafel durch ein Gegengewicht so weit ausbalanciert ist, daß ihr Übergewicht im Wasser noch ca. 300 kg beträgt, wie folgt: Auf die Schütztafel von F = 3,4 qm Fläche wirkt

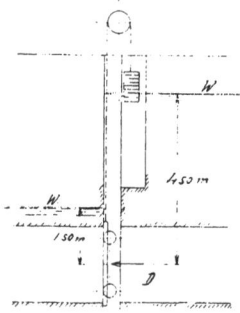
Fig. 29.

(Fig. 29) von der Oberwasserseite her ein Wasserüberdruck von

$$D = \frac{3,4 \cdot 10000 \, (4,5 - 1,5)}{10}$$

$$D = 10\,200 \text{ kg}$$

Zu Anfang der Bewegung ist gleitende Reibung vorhanden, welche, sobald die Rollen aus den Vertiefungen der Führungen herausgetreten sind, in rollende Reibung übergeht. Nimmt man für die gleitende Reibung der aus Stahl hergestellten Dichtungs-leisten aufeinander $\mu = 0,28$ an, dann ergibt sich ein Reibungs-widerstand

$$W = \mu \cdot D$$

$$W = 0,28 \cdot 10\,200 = 2850 \text{ kg}$$

pro Schütztafel. Da das vollständige Heben der Schütztafel in
ca. 30 Sekunden erfolgen soll, ergibt sich eine mittlere Hubgeschwindigkeit $v = 70$ mm. Für die Dauer der gleitenden
Reibung soll die mittlere Geschwindigkeit v_1 ungefähr 40 mm
betragen. Dann muſs der Windenmotor, wenn der Wirkungsgrad
der eine Schnecke enthaltenden Winde zu 46 % angenommen
wird, während der gleitenden Reibung mit durchschnittlich

$$N = \frac{3150 \cdot 0{,}04}{0{,}46 \cdot 75}$$

$$N = 3{,}65 \text{ PS}$$

arbeiten. Da der groſse, durch die gleitende Reibung bewirkte
Widerstand nur kurze Zeit auftritt, reichen trotz des sehr groſsen
Widerstandes beim Übergang aus Ruhe in Bewegung für den
Betrieb der Rollschütze Elektromotoren mit einer normalen
Leistung von 3,5 PS vollständig aus. Sobald die Rollen auf
ihre Führungsbahnen gelangt sind und die gleitende Reibung in
rollende übergegangen ist, beträgt der Reibungswiderstand nur
noch ca. 300 kg. Bei einer Hubgeschwindigkeit $v_2 = 80$ mm
ergibt sich hierbei als Leistung des Elektromotors

$$N = \frac{600 \cdot 0{,}08}{0{,}46 \cdot 75}$$

$$N = \sim 1{,}4 \text{ PS}$$

Bei Einleitung der Bewegung steigt die Leistung des Motors
noch über den oben bestimmten Wert von 3,65 PS, während sie
gegen Ende des Hubes etwas unter 1,4 PS herabgeht. Der diesen
Werten entsprechende, in der Primärstation gemessene Energieverbrauch für das Heben eines und zweier Rollschützen wird
durch Fig. 30 Kurve I und II dargestellt. Für das Schlieſsen
der Rollschütze ist ·der Energieverbrauch geringer.

Für die entlasteten Zylinderventile, deren Kraftbedarf gering
ist, kann bei einer Dauer der Bewegung von ca. 8 Sekunden ein
mittlerer Energieverbrauch von ca. 2,75 KW, in der Primärstation
gemessen, angenommen werden.

Um die sämtlichen für eine vollständige Schleusung in Betracht kommenden Werte in einem einzigen Diagramm zusammen-
stellen zu können, muſs noch der zum Entleeren bzw. Füllen der

Schleusenkammer erforderliche Zeitaufwand bestimmt werden.
In Fig. *31* bedeutet:

G Grundfläche der Schleusenkammer = 700 qm.

H gesamtes Gefälle = 6 m.

$\dfrac{h}{2} = 1{,}5$ m.

Ferner ist

$F_3 =$ Querschnitt eines Umlaufkanales = 3 qm,

$F_1 =$ Querschnitt eines Zylinderventiles = 2,4 qm.

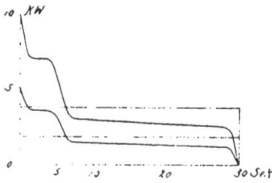

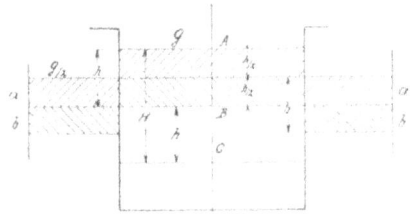

Fig. 30.   Fig. 31.

Dann erfordert der Übertritt des Wasserquantums A aus der
Schleusenkammer in die beiden oberen Sparbecken a

$$t_1 = \frac{G \cdot \dfrac{h}{2} \cdot 2}{\mu_1 \cdot 2 \cdot F_1 \cdot \sqrt{2\,g \cdot h}},$$

wobei $\mu_1 = \mu \cdot \eta$

und $\mu =$ Ausflußkoeffizient aus dünner Wand = 0,62

$\eta =$ Wirkungsgrad des Umlaufkanals = 0,80

also $\mu_1 = 0{,}50$

$$t_1 = \frac{700 \cdot 1{,}5 \cdot 2}{0{,}50 \cdot 2 \cdot 2{,}4 \cdot \sqrt{2 \cdot 9{,}81 \cdot 3}}$$

$$t_1 = 114 \text{ Sekunden.}$$

Mit Rücksicht auf den Zeitaufwand für die Betätigung der
Zylinderventile werde $t_1 = 120$ Sekunden = 2 Minuten gesetzt.
Für den Übertritt des Wasserquantums B aus der Schleusen-
kammer in die beiden unteren Sparbecken b folgt ebenfalls

$$t_2 = 120 \text{ Sekunden.}$$

Der Abfluſs der Wassermenge C aus der Schleusenkammer in das Unterwasser erfordert

$$t_3 = \frac{G \cdot h \cdot 2}{\mu_1 \cdot 2 \cdot F_3 \sqrt{2 \cdot g \cdot h}}$$

$$t_3 = \frac{700 \cdot 3 \cdot 2}{0,50 \cdot 2 \cdot 3 \cdot \sqrt{2 \cdot 9,81 \cdot 3}}$$

$$t_3 = 182 \text{ Sekunden.}$$

Mit Rücksicht darauf, daſs zwar das Öffnen der Rollschütze allmählich erfolgt, dafür aber die Torbewegung bereits vor der

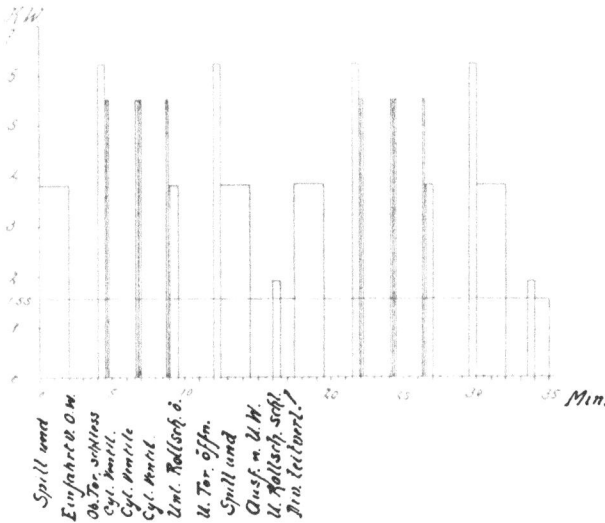

Fig. 32.

vollständigen Ausspiegelung beginnt, ist im Diagramm $t_3 = 180$ Sekunden $= 3$ Minuten angenommen. Das Füllen der Schleusenkammer aus den Sparkammern und vom Oberwasser erfordert in umgekehrter Reihenfolge die gleichen Zeiten bei gleichem Energieverbrauch der Schütze und Zylinderventile.

Auf Grund der vorstehenden Berechnungen ergibt sich für eine vollständige Doppelschleusung (Abwärtsschleusung mit anschlieſsender Aufwärtsschleusung) nach Fig. 32 ein gesamter Energieverbrauch von 0,906 KW-Stunden bzw. 8,24 Amp.-Stunden. Da der Betriebsstrom der Akkumulatorenbatterie entnommen wird, hat die Dynamomaschine, wenn der Wirkungsgrad der Batterie zu 75% angenommen wird, für eine vollständige Doppelschleusung 1,21 KW-Stunden bzw. 11 Amp.-Stunden an die Batterie zu liefern. Letztere erhält eine Kapazität von 200 Amp.-Stunden, so daß sie, nachdem sie vormittags in den ersten Betriebsstunden während des Betriebes geladen worden ist, bei geringem Verkehr für mehrere Tage, bei lebhaftem Verkehr für den ganzen Rest des betreffenden Tages die erforderliche Energie abgeben kann. Die zum Laden der Batterie erforderliche Dynamomaschine und die Turbine besitzen eine Leistung von 15 PS. Sie brauchen, je nach Stärke des Verkehrs, nur wöchentlich zwei- bis dreimal oder täglich einmal für je einige Stunden in Betrieb genommen zu werden.

Da nach Fig. 32 der durchschnittliche Energieverbrauch während einer Doppelschleusung 1,55 KW beträgt, ergibt sich der durchschnittliche Wasserverbrauch Q' zum Betrieb der Turbine pro Sekunde aus

$$\frac{1,55 \cdot 1000}{736} = \frac{r_1 \cdot r_2 \cdot Q' \cdot H \cdot 1000}{75},$$

wobei für die Dynamomaschine $r_1 = 0,88$ und für die Turbine $r_2 = 0,75$,

$$\text{zu } Q' = \frac{1,55 \cdot 75}{736 \cdot r_1 \cdot r_2 \cdot H}$$

$$Q' = \frac{1,55 \cdot 75}{736 \cdot 0,88 \cdot 0,75 \cdot 6}$$

$$Q' = 0,04 \text{ cbm.}$$

Der gesamte Wasserverbrauch zum Betrieb der Turbine ergibt sich also für eine Doppelschleusung zu

$$Q = 84 \text{ cbm.}$$

Diese Wassermenge beträgt ca. 3,6% des bei Anlage der Sparkammern pro Doppelschleusung in Wirklichkeit erforderlichen Wasserquantums. Mit Rücksicht auf die unvermeidlichen Wasserverluste im Kanal zwischen Pumpstation und Schleuse soll in der unten folgenden Aufstellung der Betriebskosten der Wasserverbrauch zum Betrieb der Turbine pro Doppelschleusung zu 100 cbm eingesetzt werden. In der Pumpstation mögen die Kosten für je 1 cbm Wasser sich auf 0,4 Pfg. stellen.

Für den hydraulischen Betrieb der vorliegenden Kanalschleuse soll Druckwasser von 25 Atm. Pressung, an der Verbrauchsstelle gemessen, verwendet werden. Die das Druckwasser liefernde Prefspumpe arbeitet auf einen Druckwasser-Akkumulator, in welchem mit Rücksicht auf einen geringen Druckwasserverlust in den Leitungen das Wasser mit 27 Atm. Pressung gesammelt wird. Der Druckwasserverbrauch für die einzelnen Bewegungen beim hydraulischen Betrieb ergibt sich aus folgenden Betrachtungen.

Zur Bewegung der Tore sollen direkt wirkende Druckwasserzylinder benutzt werden, von deren Kolbenstangen die Kraft durch eingeschaltete Schubstangen auf die Torflügel übertragen wird. Da der auf die Kolben wirkende Wasserdruck während des ganzen Hubes konstant bleibt und sich nicht, wie das beim elektrischen Betrieb der Fall ist, der Gröfse der zu überwindenden Widerstände anpafst, wächst die Geschwindigkeit der Schubstange im gleichen Mafse, wie der Widerstand der Torflügel abnimmt. Da somit während des mittleren Teiles der Torbewegung die Geschwindigkeit verhältnismäfsig grofs wird, darf, wenn das Öffnen des Tores ebenso wie bei dem oben untersuchten elektrischen Betrieb, in 30 Sekunden und unter denselben Verhältnissen erfolgen soll, die treibende Kraft der Druckwasserkolben etwas kleiner gewählt werden, als der beim elektrischen Betrieb auftretende Maximalwert der auf die Tore wirkenden Kraft. Es ist für den vorliegenden Fall ausreichend, wenn ein Öffnen der Tore erst gegen einen Wasserüberdruck von ca. 12 bis 13 cm eingeleitet wird. Die Einleitung der Torbewegung erfolgt dann ca. 5 Sekunden später als vorhin; durch entsprechende Dimensionierung des Steuerhahnes und der Zuflufsleitung läfst sich ohne weiteres erreichen, dafs der ganze Vorgang, einschliefslich des erwähnten Verlustes von 5 Sekunden, innerhalb 30 Sekunden beendet ist. Einer Differenz der beiderseitigen Wasserstände von 12 cm entspricht ein Wasserüberdruck

$$D = \int_0^{h_2} \frac{h \cdot dh \cdot \gamma \cdot b}{1000} - \int_0^{h_1} \frac{h \cdot dh \cdot \gamma \cdot b}{1000}$$

$$D = \frac{b \cdot \gamma}{1000} \left[\int_0^{h_2} h \cdot dh - \int_0^{h_1} h \cdot dh \right]$$

$$D = \frac{b \cdot \gamma}{1000} \left[\frac{h_2^2}{2} - \frac{h_1^2}{2} \right]$$

$$D = \frac{b \cdot \gamma}{2 \cdot 1000} (h_2^2 - h_1^2)$$

$$D = \frac{570 \cdot 1}{2 \cdot 1000} \cdot 6144$$

$$D = 1750 \text{ kg.}$$

Zur Vermeidung einer allzugrofsen Länge des hydraulischen Zylinders soll die Schubstange im Radius $R = 1400$ mm am Torflügel angreifen. Hieraus ergibt sich ein Kolbenhub von 1650 mm. Der gröfste in der Kolbenstange auftretende Druck überschreitet auf Grund der vorigen Angaben nicht 4800 kg. Bei einer Pressung des Druckwassers von 25 Atm. ergibt sich daher nach Abzug des Querschnittes der Kolbenstange ein Zylinderdurchmesser

$$D = 168 \text{ mm.}$$

Dementsprechend beträgt der Druckwasserverbrauch für das Öffnen eines Torflügels

$$Q_1 = H \cdot (F - f)$$
$$Q_1 = 16{,}5 \cdot (2{,}22 - 0{,}28)$$
$$Q_1 = 32 \text{ l}$$

und für das Schliefsen desselben

$$Q_2 = H \cdot F$$
$$Q_2 = 16{,}5 \cdot 2{,}22$$
$$Q_2 = 36{,}6 \text{ l.}$$

Der durchschnittliche Verbrauch an Druckwasser für die Bewegung eines Tores beträgt demnach

$$Q = 2 \cdot \frac{Q_1 + Q_2}{2}$$
$$Q = 68{,}6 \text{ l.}$$

In Fig. 33 zeigt Linie K die in der Kolbenstange wirkende konstante Druckkraft, v die Geschwindigkeit des Schubstangenangriffspunktes, v_m die mittlere Geschwindigkeit desselben und s seinen zurückgelegten Weg.

Zur Bestimmung des Druckwasserverbrauchs der Spille dient folgende Betrachtung: Die Wirkung eines hydraulischen Spills mit Dreizylindermaschine kommt derjenigen des vorhin besprochenen elektrischen Spills gleich, wenn am Trommelumfang zwei Minuten lang eine Kraft $P = 500$ kg bei einer mittleren Geschwindigkeit $v = 0{,}45$ m wirkt.

Dann gilt für eine Trommelumdrehung:

$$3 \cdot \frac{d^2 \cdot \pi}{4} \cdot h \cdot p = \frac{P \cdot D \cdot \pi}{\eta}$$

wobei

$d =$ Durchmesser der Druckwasser-
    kolben,

$h =$ Hub derselben,

$p = 25$ Atm. = Pressung des Wassers,

$P = 500$ kg = Zugkraft im Seil,

$D = 350$ mm = Trommeldurchmesser,

$\eta = 0{,}50$ = Wirkungsgrad.

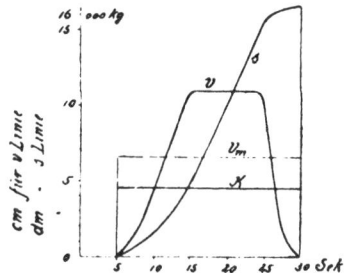

Fig. 33.

Demnach ergibt sich für den Druckwasserverbrauch

$$q = 3 \cdot \frac{d^2 \cdot \pi}{4} h$$

pro Umdrehung

$$q = \frac{P \cdot D \cdot \pi}{p \cdot \eta \cdot 1000}$$

$$q = \frac{500 \cdot 35 \cdot 3{,}14}{25 \cdot 0{,}50 \cdot 1000}.$$

$$q = 4{,}4 \text{ l}.$$

Der Druckwasserverbrauch beträgt demnach pro Minute

$$Q = \sim 108 \text{ l}$$

und für die ganze Spilltätigkeit

$$Q' = 216 \text{ l}.$$

Die zur Bewegung der Rollschütze dienenden Druckwasserzylinder sollen, um bequem zugänglich zu sein, in flache Gruben neben den Schützschächten gelegt werden. Zur Vermeidung langer Zylinder wird der Kopf der Kolbenstange mit einer eine Übersetzung 1 : 2 bewirkenden Rolle ausgerüstet. Da der Hub der Schütztafeln 2200 mm beträgt, ergibt sich dann für den

Kolben des Druckwasserzylinders ein Hub $h = 1100$ mm bei einer in der Kolbenstange wirksamen maximalen Zugkraft

$$K = \frac{2 \cdot 3150}{\eta}$$

$$K = 6800 \text{ kg.}$$

Dieser Kraft entsprechend erhält der Zylinder unter Berücksichtigung des Querschnittes der nur auf Zug beanspruchten Kolbenstange einen lichten Durchmesser $D = 190$ mm.

·Die Konstruktion und Steuerung des Druckwasserzylinders ist derart, dafs die für das Heben des Schützes in Betracht kommende vordere Zylinderseite stets mit der Druckwasserzuleitung in Verbindung bleibt, während die hintere Seite des Zylinders durch den Steuerhahn beim Heben auf die Abwasserleitung, beim Senken auf die Druckwasserleitung geschaltet wird. Daher sind für das Heben eines Rollschützes

$$Q_1 = 30 \text{ l Druckwasser,}$$

für das Senken desselben

$$Q_2 = 3 \text{ l Druckwasser}$$

erforderlich.

Für eine Bewegung eines Zylinderventiles sind durchschnittlich 8 l Druckwasser notwendig.

Nach Fig. 34 ergibt sich als gesamter Druckwasserverbrauch für eine Doppelschleusung:

$$Q = 1400 \text{ l}$$

und pro Minute ein durchschnittlicher Verbrauch

$$q = 40 \text{ l.·}$$

Diesem Verbrauch entsprechend ist eine Prefspumpe mit einer Leistung von 45 l pro Minute gewählt. Mit Rücksicht darauf, dafs stellenweise gröfsere Druckwasserentnahmen kurz aufeinander folgen, ist ein Akkumulator mit 300 l Inhalt angeordnet.

Für den Betrieb der Prefspumpe sind

$$N = \frac{1000 \cdot Q \, (h_d + h_s)}{75 \cdot \eta}$$

$$N = \frac{1000 \cdot 0{,}00075 \cdot 280}{75 \cdot 0{,}85}$$

$$N = 3{,}3 \text{ PS}$$

erforderlich. Die für den Betrieb der Turbine, wenn dieselbe 3,5 PS leisten soll, pro Sekunde erforderliche Wassermenge Q^1 ergibt sich aus

$$N = \frac{\eta \cdot Q^1 \cdot H \cdot 1000}{75}$$

$$N = \frac{0,75 \cdot Q^1 \cdot H \cdot 1000}{75}$$

$$N = 10 \cdot Q^1 \cdot H.$$

$$Q^1 = \frac{N}{10\,H}$$

zu $Q^1 = 58,33$ l.

Für eine vollständige Doppelschleusung erfordert demnach die Turbine $Q = 122,5$ cbm Betriebswasser, d. i. nahezu $6\,^0/_0$

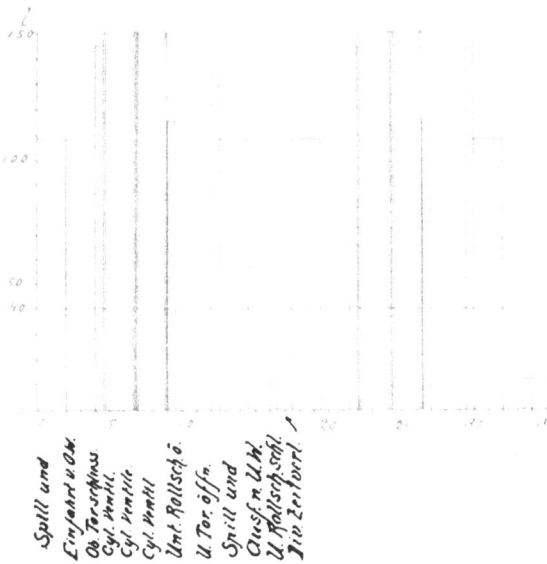

Fig. 34.

der bei Anordnung der Sparkammern zum Schleusen erforderlichen Wassermenge. Mit Rücksicht auf die Wasserverluste im Kanal ist in der unten folgenden Aufstellung der Betriebskosten der Wasserverbrauch zum Betrieb der Turbine zu **4,2** cbm pro Minute bei einem Preise von M. 4 pro 1000 cbm eingesetzt.

Sehr ungünstig gestaltet sich der zum Betrieb der Turbine erforderliche Wasserverbrauch dem elektrischen Betriebe gegenüber dadurch, dafs bei der hydraulischen Anlage die Turbine und Prefspumpe auch bei mäfsigem Betrieb in den Pausen zwischen den einzelnen Schleusungen weiter arbeiten müssen. Das zu viel gelieferte Druckwasser fliefst durch ein entsprechendes Ventil vom Akkumulator ab.

Die Anlagekosten für die Ausrüstung der besprochenen Kanalschleuse ergeben sich bei elektrischem Betrieb wie folgt:

Turbinenanlage mit Vorgelegewelle . . . . M.	3 750
Dynamomaschine mit Nebenschlufs-Regulierwiderstand »	1 650
Akkumulatoren-Batterie mit Zubehör . . . . »	3 400
Schalttafel-Anlage . . . . »	750
Leitungen im Maschinenhaus . . . . »	220
Leitungsnetz innerhalb der Schleuse . . . . . . »	850
1 Oberhaupttor und 1 Unterhaupttor . . . . . . »	16 500
4 Torantriebe . . . . »	17 600
4 Rollschütze . . . . »	8 800
4 Antriebe zu den Rollschützen . . . . »	8 200
4 Zylinderventile nebst Gerüst . . . . »	10 800
4 Antriebe zu den Zylinderventilen . . . . »	7 200
2 Spille . . . . »	8 400

Sa. M. 88 120

In Fig. 35 sind die Betriebs- und Unterhaltungskosten für elektrischen Betrieb unter der Annahme, dafs die Schleuse im Jahre 250 Tage im Betrieb sei, zusammengestellt, und zwar stellen die einzelnen Kurven folgende Kosten dar:

Kurve I: Gehalt des Personals,
 »   II: Amortisation der Maschinen und Apparate (Verzinsung
         4 %, Abschreibung 6 % der Anschaffungskosten),
 » III: Amortisation der Eisenkonstruktionen (Verzinsung 4 %,
         Abschreibung 2 1/2 % der Anschaffungskosten),
 »   IV: Instandhalten der Maschinen und Apparate (je nach
         Stärke des Betriebes 2 bis 4 % der Anschaffungskosten),

Kurve V: Iustandhaltung der Eisenkonstruktionen etc. (je nach
       Stärke des Betriebes 1 bis 2% der Anschaffungskosten),
  » VI: Schmier- und Putzmaterial,
  » VII: Betriebswasser der Turbine,
  » VIII: Summe der Einzel-Beträge.

Die Ordinaten der einzelnen Kurven geben die entsprechenden
Beträge pro 1 Doppelschleusung an, wenn die Anzahl der
Doppelschleusungen pro Tag der durch die zugehörige Abszisse
dargestellten Zahl entspricht. Es ist angenommen, dafs bis durchschnittlich 20 Doppelschleusungen pro Tag nur einfaches Bedienungspersonal, bestehend aus einem Schleusenmeister mit
M. 1800 Gehalt und zwei Schleusengehilfen mit je M. 1200 Gehalt, vorhanden ist, dafs dagegen bei stärkerem Betriebe zwecks
Ablösung das Personal verdoppelt werden mufs. Kurve VIII
gibt jedoch nicht den vollständigen Kostenbetrag für eine Doppelschleusung an, da die Beträge für Amortisation und Unterhaltung
der Gebäude, Verzinsung für angekaufte Ländereien, die Kosten
für Beleuchtung, sowie Verwaltungskosten in ihr noch nicht enthalten sind.

Die Anschaffungskosten für den hydraulischen Betrieb sind
folgende:

Turbinenanlage mit Vorgelege . .	M.	2 250
Prefspumpe	»	1 250
Druckwasser-Akkumulator	»	3 900
Rohrnetz im Maschinenhaus . . .	»	200
Rohrnetz innerhalb der Schleuse .	»	1 900
Heizungsanlage	»	3 400
1 Oberhaupttor und 1 Unterhaupttor	»	16 500
4 Torantriebe	»	14 400
4 Rollschütze	»	8 800
4 Antriebe zu den Rollschützen . .	»	7 200
4 Zylinderventile nebst Gerüst . .	»	10 800
4 Antriebe zu den Zylinderventilen	»	6 800
2 Spille	»	6 400

                                Sa. M. 83 800

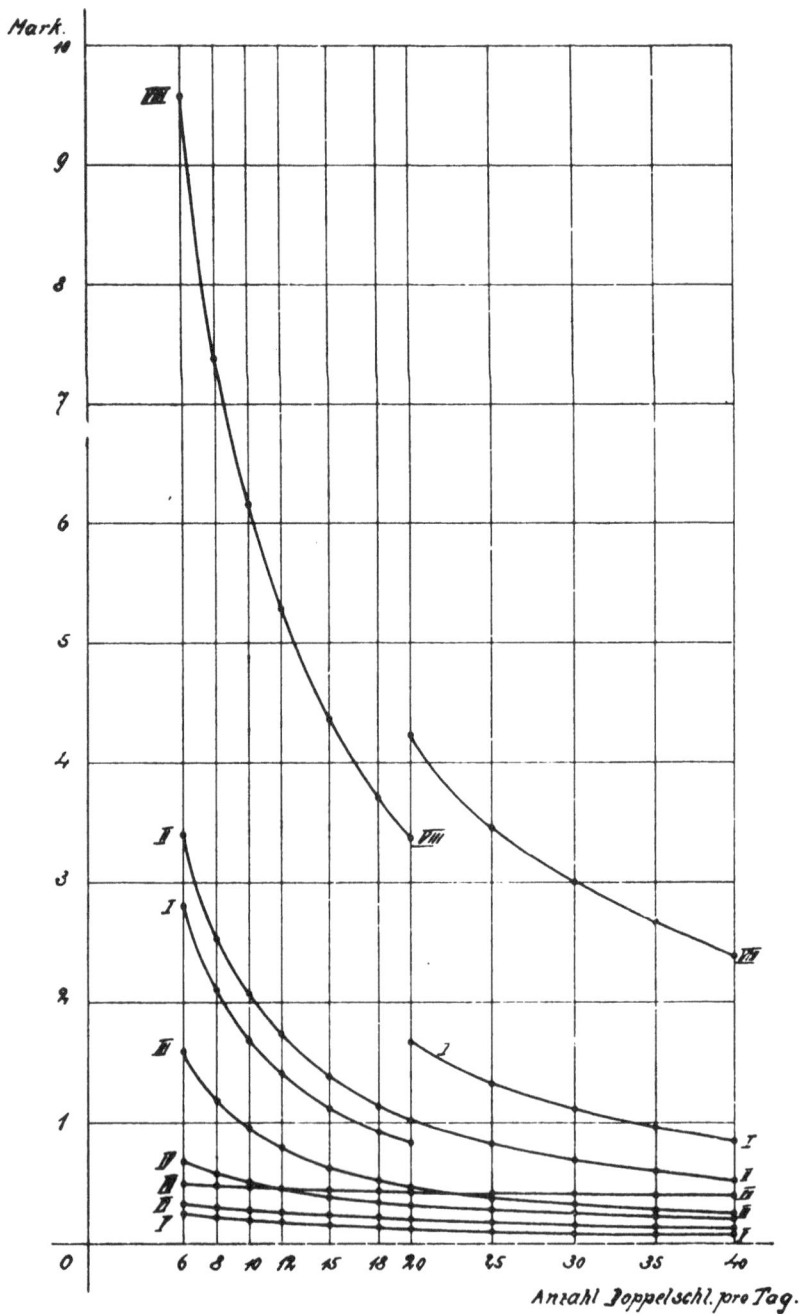

Fig. 35.

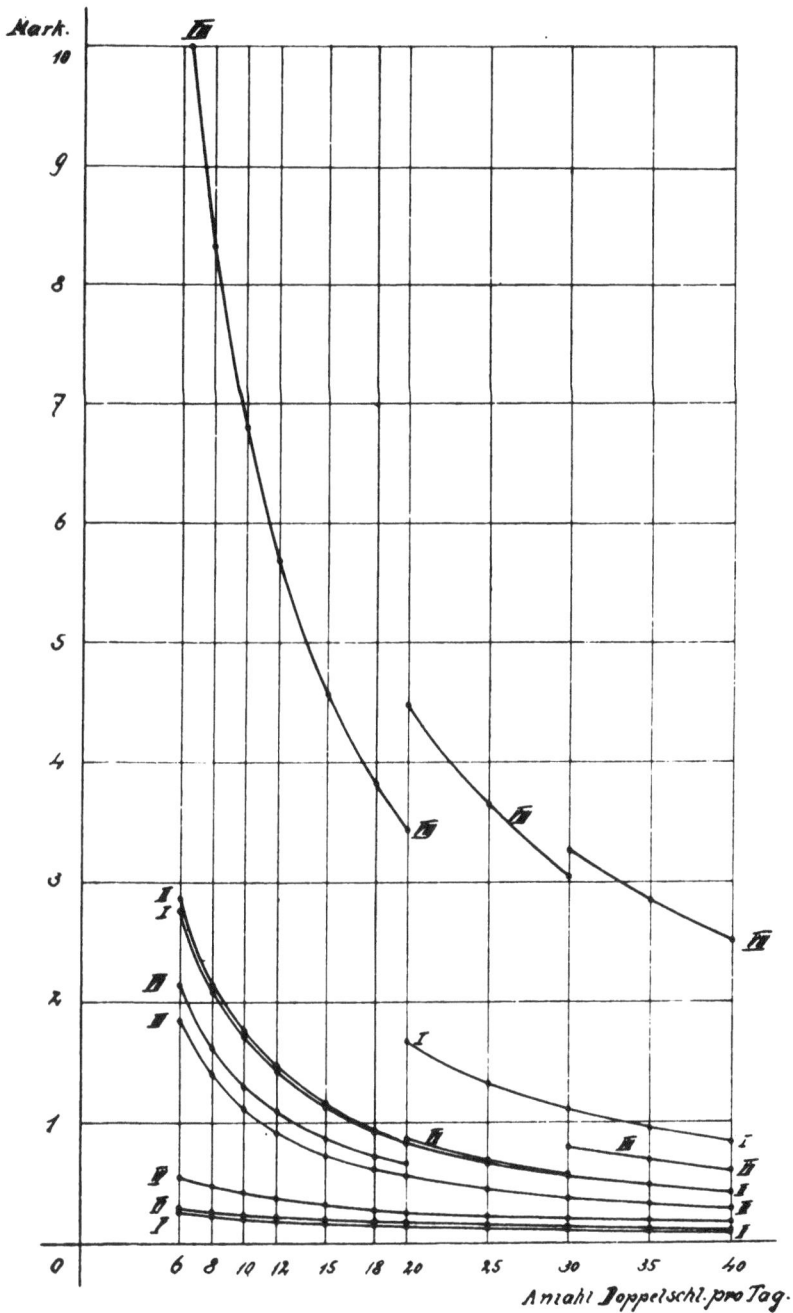

Fig. 36.

Fig. 36 zeigt die Betriebs- und Unterhaltungskosten des hydraulischen Betriebes. Die einzelnen Kurven haben die gleiche Bedeutung wie in Fig. 35. Die durch Kurve VIII dargestellten Gesamtkosten, welche, wie ein Vergleich zwischen Fig. 35 und 36 ohne weiteres zeigt, beim hydraulischen Betrieb nicht unwesentlich höher sind, als beim elektrischen, erhöhen sich in den kälteren Jahreszeiten noch um den Betrag für den Betrieb der Heizungsanlagen.

Im Anschluß an diese Gegenüberstellung des hydraulischen und elektrischen Betriebes soll, wie im Anfang dieses Abschnittes angedeutet wurde, der in Kapitel V geschilderte gemischte Betrieb noch kurz betrachtet werden. Die Wahl dieses Betriebssystemes entsprang dem Wunsche, soweit wie möglich die Einfachheit und Billigkeit des Hotoppschen Systems mit der Zeitersparnis des elektrischen Betriebes zu vereinigen. Daß namentlich bei größeren Gefällen die Resultate den Erwartungen durchaus nicht entsprechen, geht aus nachstehenden Betrachtungen ohne weiteres hervor.

Sollen die Hotoppschen Heber zur Anwendung kommen, dann sind zwei Fälle möglich. Man stellt entweder die Heber mit ihren Schenkeln so weit, daß sie noch beim tiefsten in Betracht kommenden Wasserstande unter den Wasserspiegel reichen, aus Eisen her (Elbe-Travekanal und Teltowkanal), oder man macht nur die Scheitelstücke der Heber aus Eisen und stellt die Schenkel in Beton her (Kersdorf und Wernsdorf). Die durch die letztere Ausführungsform erhoffte Ersparnis an Herstellungskosten hat sich jedoch auf Grund der Schwierigkeiten des Dichthaltens der Betonschenkel nicht ergeben.

Die Anschaffungskosten der bei den zwei Betriebssystemen nicht gleichartigen Ausrüstungsteile betragen für unser Beispiel mit 6 m Schleusengefälle:

a) für Heberbetrieb.

2 Oberhauptheber, aus Flußeisen, mit eisernen
    Schenkeln . . . . M. 6 800

2 Unterhauptheber, desgl. . . . . » 9 800

2 Heber zu den oberen Sparbecken, desgl. . . . . M. 7 600

2 Heber zu den unteren Sparbecken, desgl. . . . . » 8 800

1 Saugglocke mit Ausrüstung . . . . » 6 800

1 kurze, gußeiserne Zuflußleitung vom gemauerten
    Kanal an bis zur Saugglocke . . . . . . » 400

1 Abflußleitung von der Saugglocke zum Unterwasser » 800

1 Steuerapparat mit Zubehör . . . . » 2 200

1 Rohrnetz zwischen Steuerapparat, Saugglocke
    und den Hebern. . . . . » 5 900

                     M. 49 100

b) für Rollschütze und Zylinderventile.

4 Rollschütze . . . . M. 8 800

4 Antriebe zu denselben . . . . » 8 200

4 Zylinderventile nebst Gerüst 10 800

4 Antriebe zu denselben . . . . » 7 200

Apparate am Schaltbrett . . . . » 420

Leitungsnetz . . . . » 760

                     M. 36 180

Diese Zahlen zeigen, daß die Anschaffungskosten für die Heber mit Zubehör wesentlich höher sind, als für elektrisch betriebene Rollschütze und Zylinderventile.

Dagegen läßt sich nicht bestreiten, daß sich die Betriebskosten für die Umlaufheber billiger stellen, als für die Schütze. Denn, wenn die Heber bei Aufnahme des Betriebes einmal durch die Saugglocke in Betrieb gesetzt worden sind, dann halten sie sich bei regelmäßigem Betriebe in der in Kapitel III geschilderten Weise selbsttätig ohne oder mit Benutzung der Saugglocke in Betrieb, ohne daß der oberen Haltung weiteres Betriebswasser entnommen zu werden braucht. Da indes die Betrachtung der Fig. 32 zeigt, daß die für den Betrieb der Schütze erforderliche elektrische Energie im Vergleich zum gesamten Stromverbrauch eine verhältnismäßig geringe ist, kann die Ersparnis an elektrischer Energie, bzw. an Betriebswasser der Turbine, als schwerwiegendes Argument nicht aufrecht erhalten werden. Das ist

um so weniger der Fall, als zu dem in Fig. 32 dargestellten
Stromverbrauch in Wirklichkeit noch der Verbrauch für die
elektrische Beleuchtung hinzukommt. Der Stromverbrauch der
Schützantriebe ist im Vergleich zu dem sich so ergebenden
Gesamtverbrauch ein sehr kleiner. Da das Bedienungspersonal
beim gemischten Betriebe das gleiche ist wie beim elektrischen,
kann auch hier eine Ersparnis nicht gemacht werden.

Berücksichtigt man ferner die im technischen Vergleich des
Kapitels VI angeführten, den Saugrohrleitungen der Heber an-
haftenden Übelstände, so wird man in der Erkenntnis, daſs der
gemischte Betrieb dem rein elektrischen gegenüber durchaus
keine Vorteile bietet, sondern im Vergleich mit diesem wesentlich
ungünstiger ist, nur noch bestärkt. Als Resultat unserer Betrachtungen ergibt sich also:

Für Kanalschleusen mit geringem Verkehr, bei denen die
Zeitdauer für die einzelnen Operationen keine Bedeutung hat,
ist der Hotoppsche Betrieb ohne Kombination mit einem
anderen System, vorausgesetzt, daſs die Wasserverhältnisse des
Kanals denselben überhaupt gestatten, sowohl in bezug auf die
Anschaffungskosten, als auch auf die Unterhaltungs- und Betriebskosten, billiger als der elektrische oder hydraulische Betrieb.
Sieht man sich dagegen veranlaſst, mit Rücksicht auf einen
regen Verkehr für die Tore maschinellen Betrieb zu wählen und
zum Verholen der Schiffe Spille anzuordnen, dann bietet die
Anordnung des Heberbetriebes an Stelle der motorisch zu be-
treibenden Schütze keinerlei Vorteile, sondern sie verteuert,
namentlich bei gröſseren Gefällen, die Anlage nicht unwesentlich.

3. Die Seeschleuse.

Die der Untersuchung zugrunde gelegte Seeschleuse hat
eine nutzbare Länge von 225 m, in der Kammer und den Toröffnungen eine lichte Breite von 25 m und über den Drempeln
eine geringste Wassertiefe von 9,5 m. Die im Binnen-, Zwischen-
und Auſsenhaupt befindlichen Flut- und Ebbetore sind sämtlich
zweiflügelige Stemmtore. Auf jeder Seite der Schleusenkammer
befindet sich ein Umlaufkanal von 7,0 qm Querschnitt, welcher

in jedem Haupt ein Flut- und ein Ebbeschütz besitzt. Da die Dampfer die Schleuse unter eigenem Dampf passieren und Segelschiffe durchgeschleppt werden, sind Spille nicht angeordnet.

Wie in Kapitel VI nachgewiesen war, kommt der pneumatische Betrieb für Seeschleusen nicht in Betracht, so dafs sich die Untersuchungen nur auf den hydraulischen und elektrischen Betrieb zu erstrecken haben.

Über die Bestimmung des zum Torbetrieb erforderlichen Kraftbedarfs gilt das in Abschnitt 2 dieses Kapitels Gesagte. Für unser Beispiel mag, zunächst für den elektrischen Betrieb, folgende Bedingung gegeben sein: Das Öffnen der Tore soll, vorausgesetzt, dafs die mit Luftkästen versehenen Torflügel gut montiert sind, bei 10 m Wasserstand über dem Drempel und ungefährer Windstille bereits beginnen, wenn der Wasserüberdruck noch ca. 150 mm beträgt; die ganze für das Öffnen der Torflügel erforderliche Zeit soll 120 Sekunden nicht überschreiten.

Da die Zahnstange in einem Radius $R = 4{,}00$ m am Torflügel angreift, beträgt die mittlere Geschwindigkeit des Angriffspunktes in Richtung der Kraft ca. 40 mm pro Sekunde. Der durch die Differenz der beiderseitigen Wasserstände bedingte Wasserüberdruck ist bei 10 m Wassertiefe

$$D = \int_0^{h_2} \frac{h \cdot dh \cdot \gamma \cdot b}{1000} - \int_0^{h_1} \frac{h \cdot dh \cdot \gamma \cdot b}{1000}$$

$$D = 22\,300 \text{ kg.}$$

Dann beträgt bald nach Einleitung der Bewegung die Treibkraft in der Zahnstange ungefähr

$$P = 50\,000 \text{ kg}$$

bei $v = 25$ mm.

Dem entspricht eine Leistung des Elektromotors

$$N = \frac{P \cdot v}{\eta \cdot 75}$$

$$N = \frac{50\,000 \cdot 0{,}025}{0{,}5 \cdot 75}$$

$$N = 33{,}3 \text{ PS.}$$

Für die Torantriebe sind Hauptstrommotoren WD 35—275 der Union E.G. gewählt, welche bei einer Leistung von ca. 33 PS in der Minute 350 Umdrehungen machen und dabei einen Energieverbrauch von 30,5 KW haben. Während des mittleren Teiles der Bewegung genügt eine in der Zahnstange wirkende Kraft von 8000 kg, um den Torflügel mit einer durchschnittlichen Geschwindigkeit von 50 mm zu bewegen. Hierbei beträgt die Leistung des Elektromotors 10,7 PS bei 700 Umdrehungen pro Minute und einem Energieverbrauch von 10 KW. Das Schliefsen der Torflügel erfordert fast den gleichen Energieverbrauch wie das Öffnen derselben.

Der zum Heben der Schütze erforderliche Kraftbedarf hängt von dem Niveau-Unterschied zwischen Kanal und Aufsenwasser ab. Es soll bis zu einer gröfsten Differenz der Wasserstände von 2,50 m geschleust werden. Dann beträgt der gröfste auf die Schütztafel wirkende Wasserüberdruck

$$D = \frac{7 \cdot 10000 \cdot 2,5}{10}$$

$$D = 17500 \text{ kg.}$$

Ist die Schütztafel so weit ausbalanciert, dafs sie im Wasser noch ein Übergewicht von 1000 kg besitzt, dann ergibt sich bei einem Reibungskoeffizienten $\mu = 0,5$ der hölzernen Dichtungsleisten auf den aus Granit hergestellten Dichtungsflächen als gröfste in der Schützzahnstange wirksame Kraft

$$P = 9750 \text{ kg.}$$

Bei der oben angeführten gröfsten Differenz der Wasserstände soll das Heben der Schütze in 55 Sekunden, d. h. mit einer mittleren Geschwindigkeit $v = 65$ mm pro Sekunde erfolgen, so dafs der Motor

$$N = \frac{P \cdot v}{\eta \cdot 75}$$

$$N = \frac{9750 \cdot 0,065}{0,5 \cdot 75}$$

$$N = 16,9 \text{ PS}$$

leisten mufs. Für den Betrieb der Schütze sind Motoren WD 16—600 der Union E. G. gewählt. Nimmt man die Differenz

der Wasserstände im Mittel zu 1,50 m und die Zeitdauer für einen
Hub zu 45 Sekunden, d. h. $v = 80$ mm an, dann muſs der Motor

$$N = \frac{6250 \cdot 0,08}{0,5 \cdot 75}$$

$$N = 13,3 \text{ PS}$$

bei 830 Umdrehungen pro Minute und einem Energieverbrauch
von 12,2 KW abgeben. Während zu Beginn der Bewegung,
d. h. beim Übergang aus Ruhe in Bewegung, die oben berechnete
Leistung noch überschritten wird, nimmt sie gegen Ende des
Hubes ab.

Der bei 1,50 m Wasserdifferenz für eine Doppelschleusung,
welche ca. 40 Minuten dauert, erforderliche Energieverbrauch
ergibt sich nach Fig. 37, in der Primärstation gemessen, zu
ca. 5 KW-Stunden. Da der Betriebsstrom der Akkumulatorenbatterie entnommen wird, hat die Dynamomaschine, wenn der
Wirkungsgrad der Batterie zu 75 % angenommen wird, für eine vollständige Doppelschleusung 6,67 KW-Stunden an die Batterie zu
liefern. Würde man die Dynamomaschine bei regem Verkehr un-
unterbrochen auf die Batterie arbeiten lassen und dieser den zum Betrieb notwendigen Strom entnehmen, dann würde man mit einer
verhältnismäſsig kleinen Dynamomaschine auskommen können.
Mit Rücksicht auf etwa in der Batterie auftretende Störungen
muſs jedoch die Dynamomaschine so groſs gewählt werden, daſs
sie imstande ist, den gröſsten während des Betriebes, d. h. den
für die gleichzeitige Bewegung zweier Torflügel erforderlichen
Strom direkt an das Netz abzugeben. Um auch im Falle von
Störungen an den Maschinen die notwendige Reserve zu haben,
sind zwei Dampfkessel, zwei Dampfmaschinen und zwei Dynamomaschinen erforderlich.

Diesen Betrachtungen entsprechend sind zwei Dampfkessel
mit einer Heizfläche von je 85 qm und einer Betriebsspannung
von 8 Atm., zwei Dampfmaschinen mit einer Leistung von je
100 PS und zwei durch Riemenübertragung mit den Dampfmaschinen verbundene Dynamomaschinen mit einer Leistung von
je 70 Kilowatt angeordnet. Diese Maschinenanlage reicht aller-

dings gleichzeitig aus, um für eine umfangreiche Beleuchtungsanlage den Strom mit zu liefern.

Für den hydraulischen Betrieb der Schleuse soll Druckwasser
von 50 Atm. Pressung, an der Verbrauchsstelle gemessen, verwendet werden. Die das Druckwasser liefernden Prefspumpen
arbeiten auf je einen Druckwasserakkumulator, in welchem der

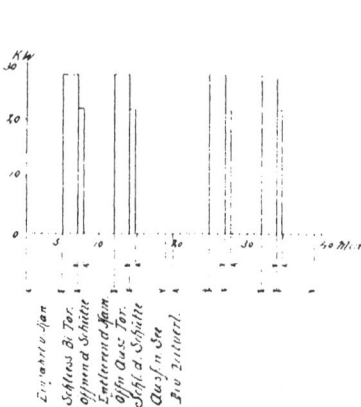
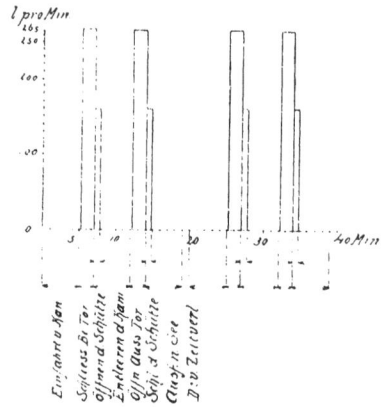

Fig. 37.   Fig. 38.

Druck des Wassers, mit Rücksicht auf einen geringen Ver-
lust in den Leitungen, 55 Atm. beträgt. Der Druckwasserverbrauch
beträgt nach Fig. 38 für eine Doppelschleusung

$$Q = 2280 \text{ l.}$$

Es sind zwei Prefspumpmaschinen mit einer Leistung von
je 270 l pro Minute angeordnet. Die Dampfmaschinen der Pumpen
besitzen eine Leistung von je 45 PS; die Akkumulatoren haben
einen Inhalt von je 450 l.

Die Anlagekosten für die Antriebseinrichtungen der vorstehenden Seeschleuse ergeben sich für den elektrischen Betrieb wie folgt:

2 Dampfkessel à 85 qm Heizfläche . . . . M. 23 600
2 Speisevorrichtungen . . . . » 950
2 Verbunddampfmaschinen à 100 PS . . . . . . » 24 800
1 Rohrnetz zwischen den Kesseln und den Dampfmaschinen . . . . » 5 400
2 Gleichstrom-Dynamomaschinen . . . . » 8 400

1 Akkumulatoren-Batterie . . . . M.   9 800
1 Schalttafel mit Verbindungsleitungen . . . . . »   4 800
1 komplettes Leitungsnetz in der Schleuse (inkl. Licht-
    netz in der Schleuse) . . . . »   8 200
6 Fluttorflügel und 6 Ebbetorflügel . . . . . . »   335 400
12 komplette Torantriebe, mit allem Zubehör à M. 13 800 »   165 600
12 Schütze mit Gegengewichten und Führungen . »   38 400
12 komplette Schützantriebe, mit allem Zubehör .
    à M. 8500 . . . . »   102 000

Sa. M.   727 350

Die Anschaffungskosten für die Antriebseinrichtungen beim
hydraulischen Betrieb sind folgende:

3 Dampfkessel à 60 qm Heizfläche . . . . . . M.   27 600
2 Speisevorrichtungen . . . . »   900
2 Preßpumpmaschinen à 270 l pro Minute . . . »   14 400
2 Druckwasserakkumulatoren à 450 l Inhalt . . . »   14 800
1 Rohrnetz zwischen den Kesseln und sämtlichen
    Dampfmaschinen . . . . »   6 100
1 Druckwasserleitung in der Schleuse, nebst Rück-
    leitung . . . . »   10 800
2 Rücklaufreservoire . . . . »   2 400
1 komplette Heizleitung mit Heizkörpern . . . . »   8 200
2 Licht-Dynamomaschinen . . . . »   3 600
1 Akkumulatorenbatterie für die Beleuchtungsanlage »   3 400
1 Lichtnetz innerhalb der Schleuse . . . . . . »   2 200
1 Schalttafel mit Verbindungsleitungen . . . . »   800
6 Fluttorflügel und 6 Ebbetorflügel . . . . . . »   335 400
12 Torantriebe, mit allem Zubehör à M. 14 800 . . »   177 600
12 Schütze mit Gegengewichten und Führungen . »   38 400
12 komplette Schützantriebe, mit allem Zubehör
    à M. 9 100 . . . . »   109 200

Sa. M.   755 800

Die beiden vorstehenden Zusammenstellungen für die maschinellen Ausrüstungen von Seeschleusen zeigen zunächst, daß sich

die Anschaffungskosten für hydraulischen Betrieb wesentlich
höher stellen, als für elektrischen Betrieb. Die einzelnen Werte
lassen aufserdem erkennen, dafs die Kosten für Amortisation
und Instandhaltung der Anlagen des hydraulischen Betriebes diejenigen des elektrischen Betriebes übersteigen. Ferner erfordert
der Druckwasserbetrieb, da neben der Maschinenanlage zur Erzeugung des Druckwassers noch eine besondere Lichtanlage vorhanden ist, mehr Bedienungspersonal. Schliefslich ist noch anzu-
führen, dafs beim elektrischen Betrieb, nachdem die Akkumulatorenbatterie geladen ist, die Dampfmaschine und Dynamomaschine
vorübergehend gänzlich aufser Betrieb gesetzt werden können
und das Feuer in den Kesseln schwächer gehalten werden kann.
Beim hydraulischen Betrieb dagegen mufs stets die volle Dampf-
spannung im Kessel gehalten werden, damit die Prefspumpe,
sobald Wasser aus dem Akkumulator entnommen worden ist,
sofort anspringen und den Akkumulator neu füllen kann. Hierdurch wird naturgemäfs der Verbrauch an Brennmaterial wesentlich erhöht.

VIII. Kapitel.

Schlufsbetrachtungen.

Die in der vorliegenden Arbeit enthaltenen Schilderungen,
namentlich aber die vergleichenden Betrachtungen der Kapitel VI
und VII, lassen deutlich erkennen, dafs für Schleusenanlagen
der elektrische Betrieb der zweckmäfsigste ist. Wie in Kapitel VI
nachgewiesen wurde, kommt der pneumatische Betrieb, obwohl
er bei wasserreichen Kanälen ohne Frage der billigste ist, doch
nur für Schleusenanlagen von geringerer Bedeutung in Betracht.
Bei Kanalschleusen mit lebhaftem Verkehr, sowie bei Seeschleusen
treten nur elektrischer und hydraulischer Betrieb miteinander in
Konkurrenz.

Anfangs stellten sich allerdings der Einführung des elektrischen Betriebes bedeutende Schwierigkeiten entgegen, weil die
Motoren und Apparate durch die feuchte Luft der Maschinenkammern, namentlich aber durch in die Kammern eintretendes

Wasser, sehr leicht beschädigt wurden. Dieser Übelstand ließ
sich jedoch dadurch beseitigen, daß man die Motoren und alle
empfindlichen Apparate entweder wasserdicht einkapselte, oder
sie vom mechanischen Teile der Windwerke vollständig trennte
und in besonderen, geschützt liegenden Räumen unterbrachte.

Die Kostenaufstellungen in Kapitel VI zeigen zwar, daß bei
kleineren Kanalschleusen die einmaligen Anschaffungskosten für
den elektrischen Betrieb diejenigen für den hydraulischen Betrieb
etwas überschreiten. Die in Fig. 35 und 36 dargestellten Diagramme lassen dagegen erkennen, daß die Betriebskosten des
hydraulischen Betriebes wesentlich höher als die des elektrischen
Betriebes sind, so daß auch für Kanalschleusen der elektrische
Betrieb sich als der zweckmäßigste und billigste erweist. Für
größere Schleusenanlagen, namentlich aber für große Seeschleusen,
ist der elektrische Betrieb sowohl mit Rücksicht auf die einmaligen
Anschaffungskosten, als auch mit Bezug auf die laufenden Unter-
haltungs- und Betriebskosten, dem hydraulischen Betrieb gegenüber wesentlich im Vorteil.

Als Resultat des Vergleiches ergibt sich daher, daß der
elektrische Betrieb den anderen Systemen gegenüber den Vorzug
der größeren Betriebssicherheit und des Anpassens des Energieverbrauches an die jeweilige Größe des Widerstandes, sowie
speziell dem hydraulischen Betrieb gegenüber den Vorzug der
geringeren Betriebskosten und bei größeren Schleusenanlagen
auch den der geringeren Anschaffungskosten hat.

Es ist mir am Schluß meiner Arbeit eine angenehme Pflicht,
Herrn Professor O. Kammerer für das derselben entgegengebrachte
Interesse nochmals meinen verbindlichsten Dank auszusprechen.

Desgleichen möchte ich an dieser Stelle nochmals sämtlichen
Herren, die mir in liebenswürdigster Weise Zeichnungen zur
Verfügung stellten und mir Gelegenheit gaben, Messungen und
Versuche auf den ihnen unterstellten Schleusen vorzunehmen,
meinen verbindlichsten Dank sagen.

Verlag von R. Oldenbourg in München und Berlin.

LEHRBUCH
der
TECHNISCHEN PHYSIK

von

Professor Dr. **Hans Lorenz,** Ingenieur.

Komplett in 4 bis 5 Bänden, von denen jeder einzeln käuflich ist.

Erschienen sind:

Band I:

Technische Mechanik starrer Systeme

von

Professor Dr. **Hans Lorenz,** Ingenieur.

XXIV u. 625 S. 8⁰. Mit 254 Abbildungen. Preis brosch. M. 15.—, eleg. geb. M. 16.—.

Band II:

Technische Wärmelehre

von

Professor Dr. **Hans Lorenz,** Ingenieur.

XIX und 544 Seiten. 8⁰. Mit 136 Abbildungen.
Preis brosch. M. 13.—, eleg. geb. M. 14.—.

In Vorbereitung ist:

Mechanik der deformierbaren Körper
(Elastizität und Festigkeitslehre, Hydromechanik).

Technische Elektrizitätslehre und Optik.

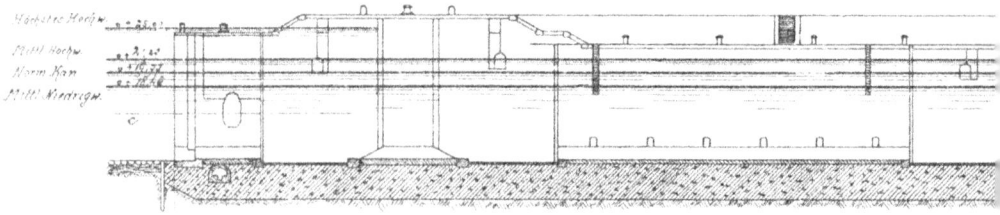

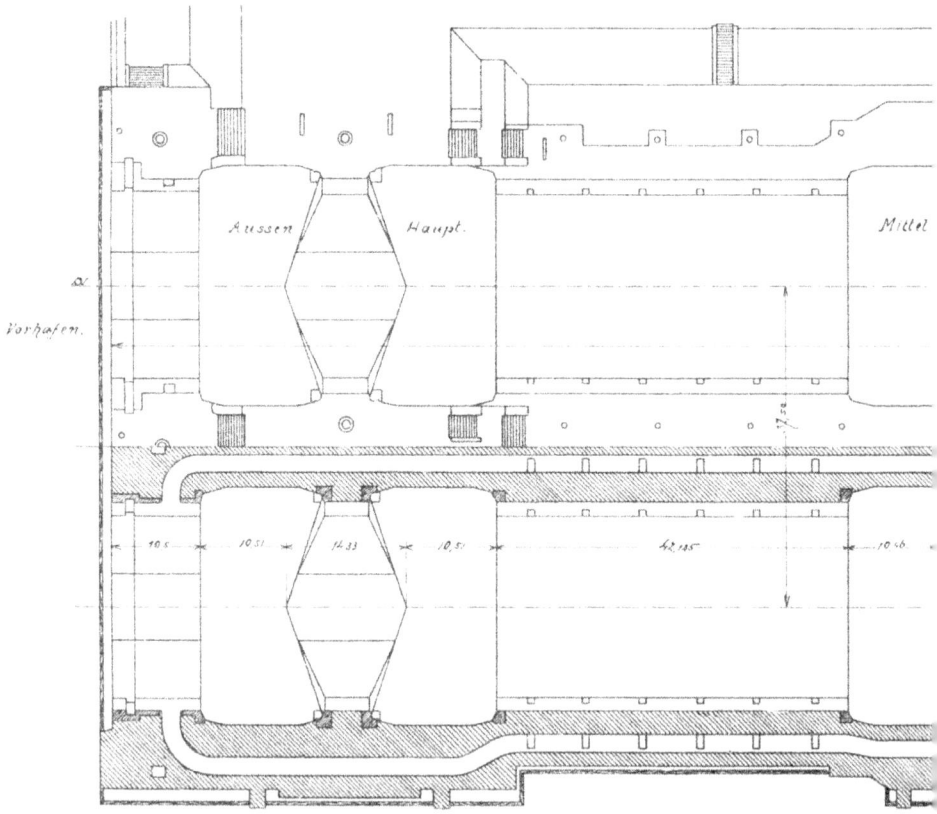

VERLAG VON

üttel.

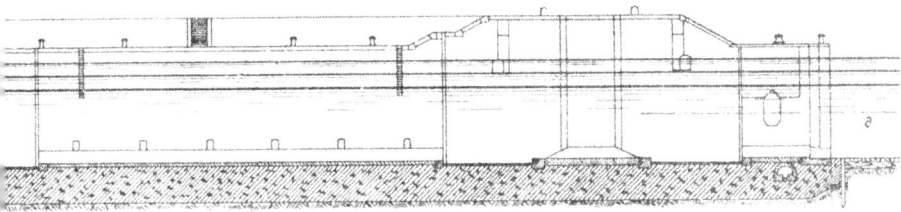

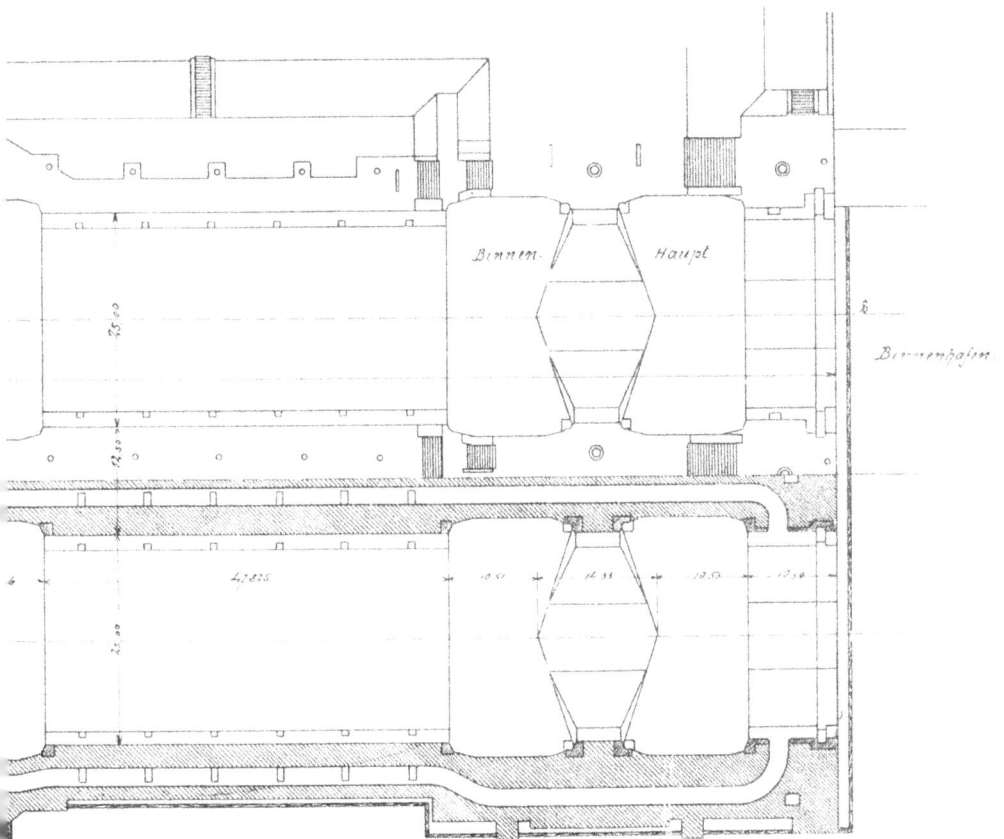

Binnen. Haupt.

Binnenhafen.

40   50m

Maschinenkammer im Binnenhaupt

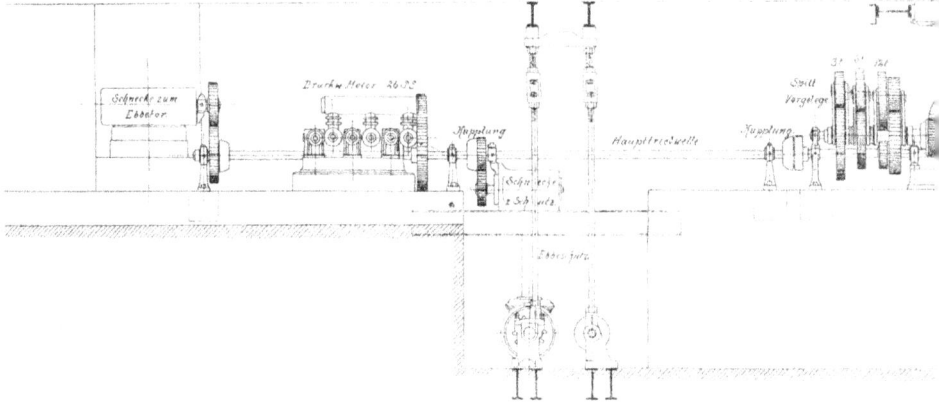

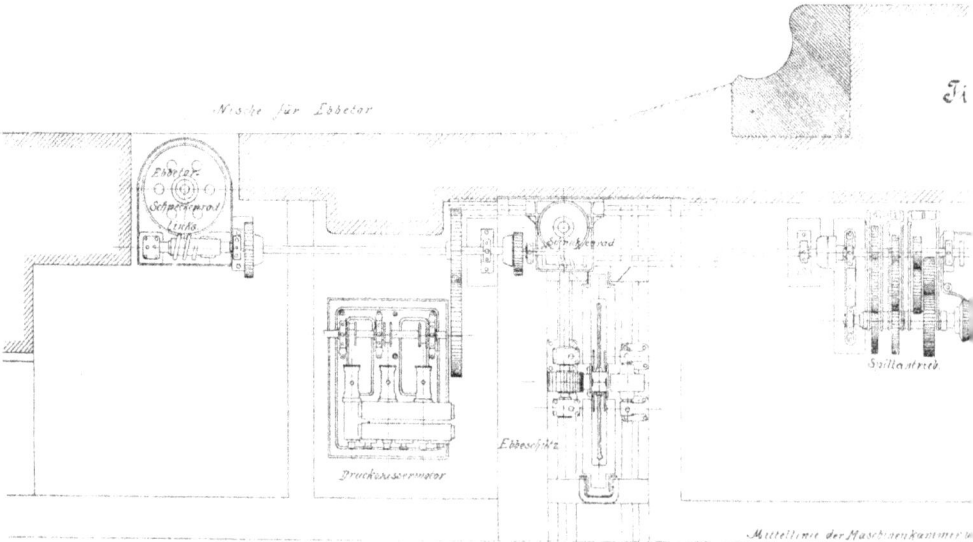

...auer der Schleuse bei Brunsbüttel.

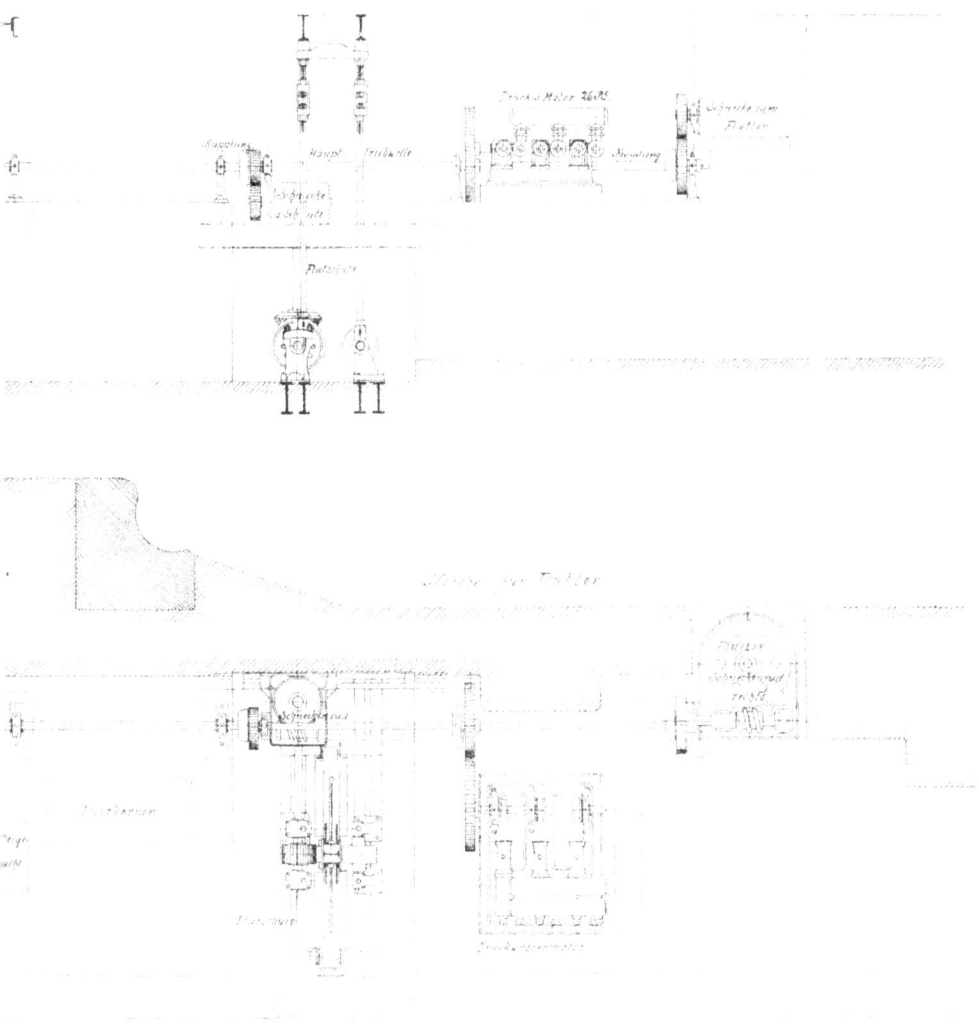

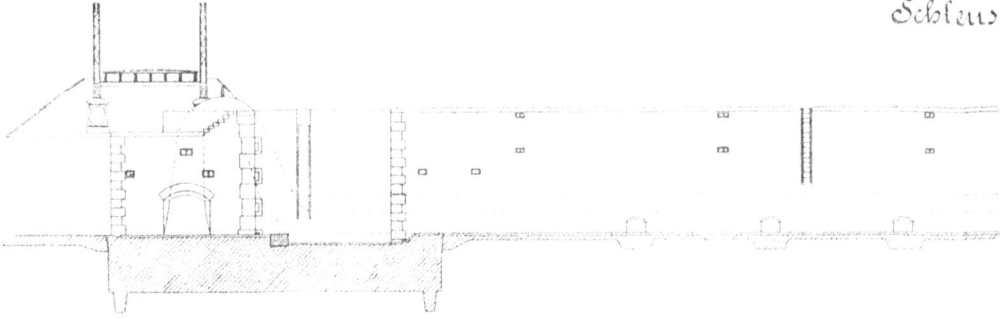

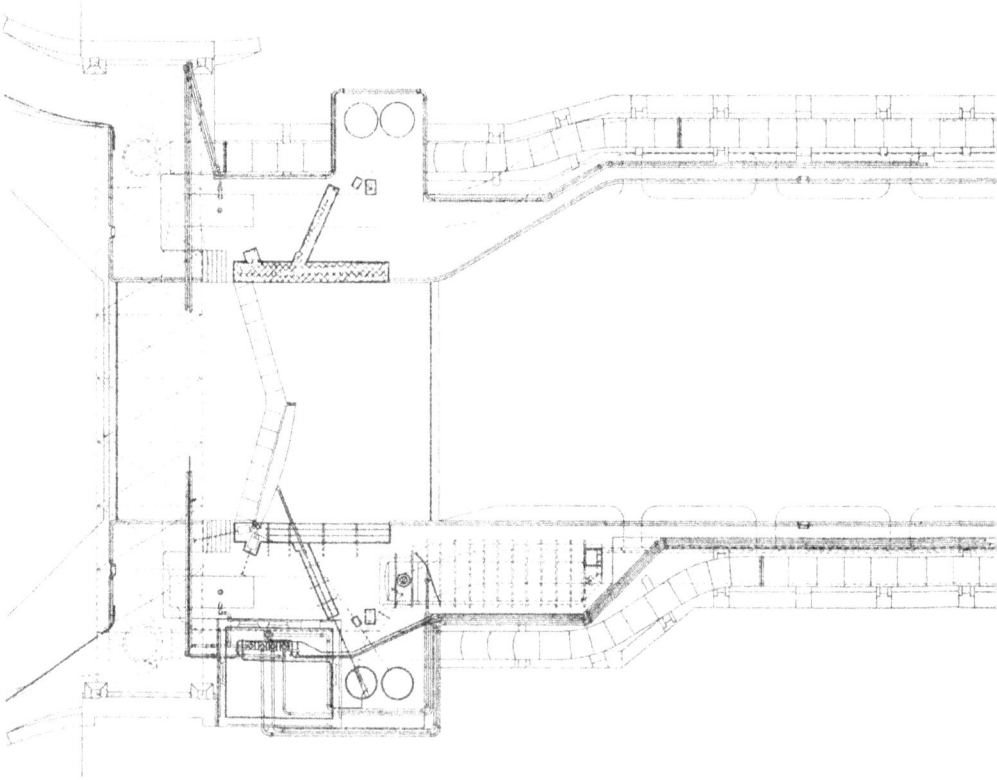

VERLAG VON R. O

Witzeeze.

chnitt.

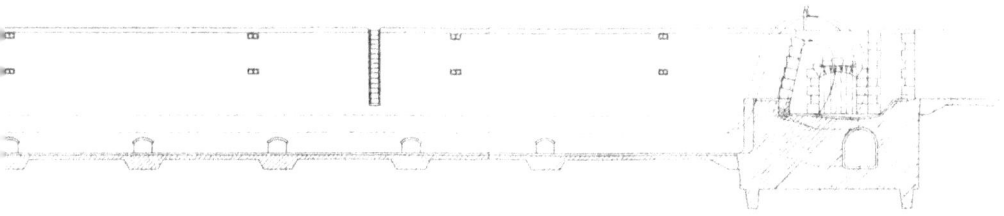

riss.

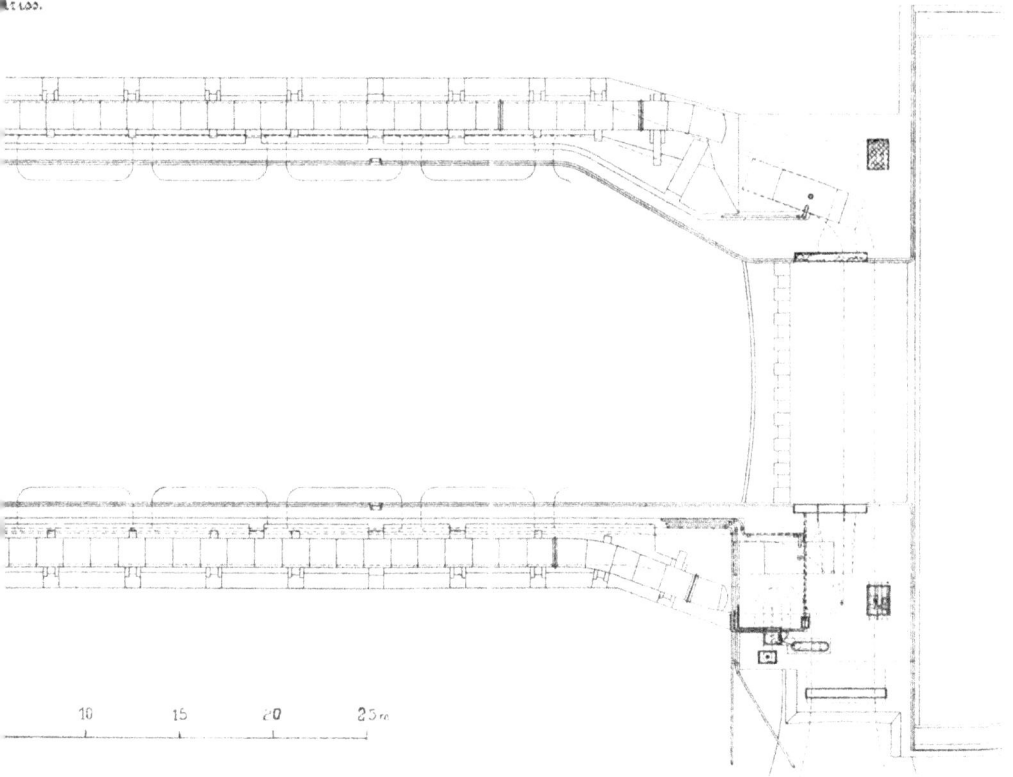

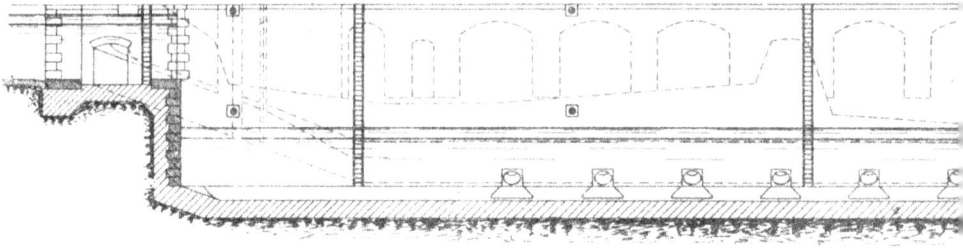

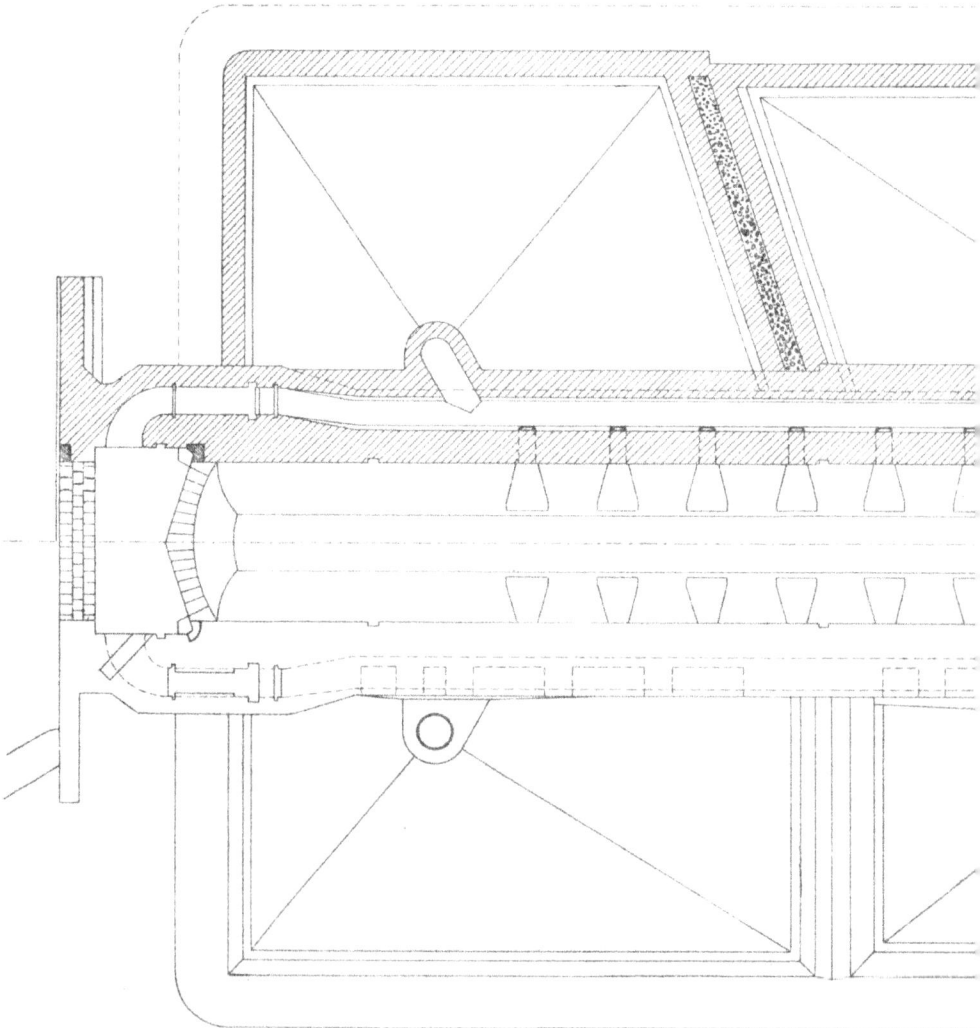

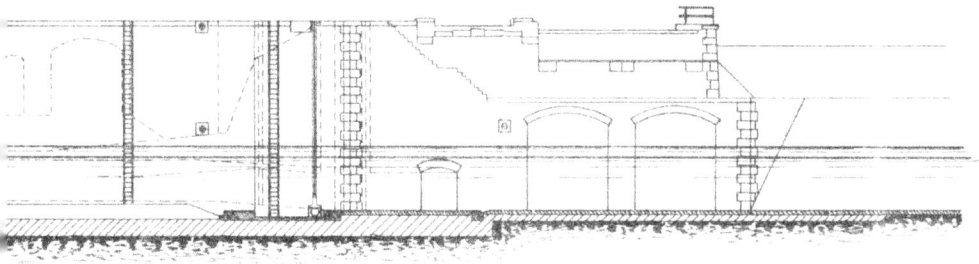

Figur 2: Grundriss.

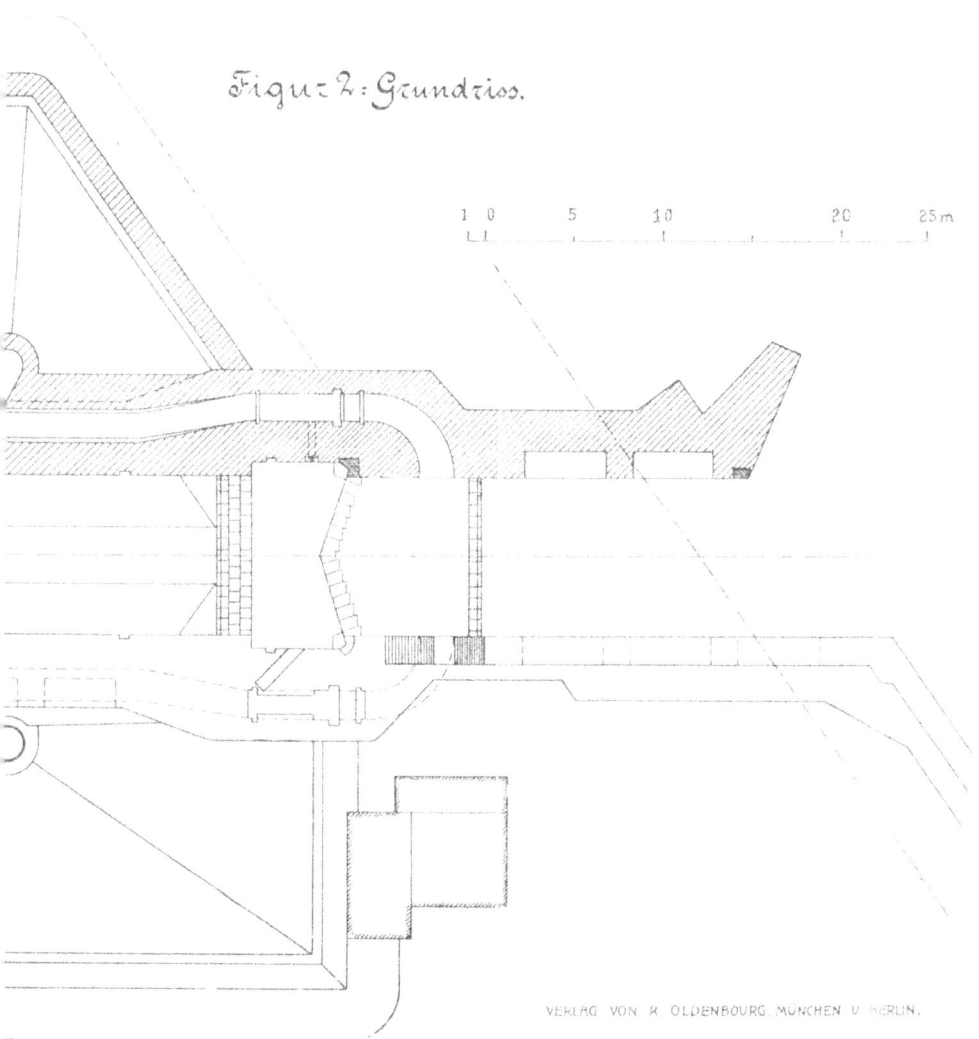

VERLAG VON R. OLDENBOURG MÜNCHEN U. BERLIN.

Neue Seesch

Fi

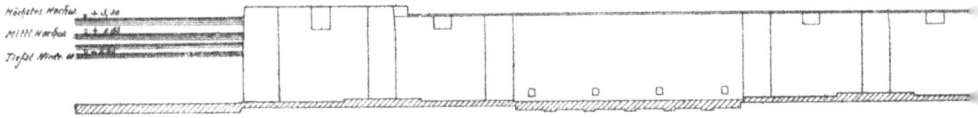

Höchstes Hochw.
Mittl. Hochw.
Tiefst. Niedr.

1 0

Fi

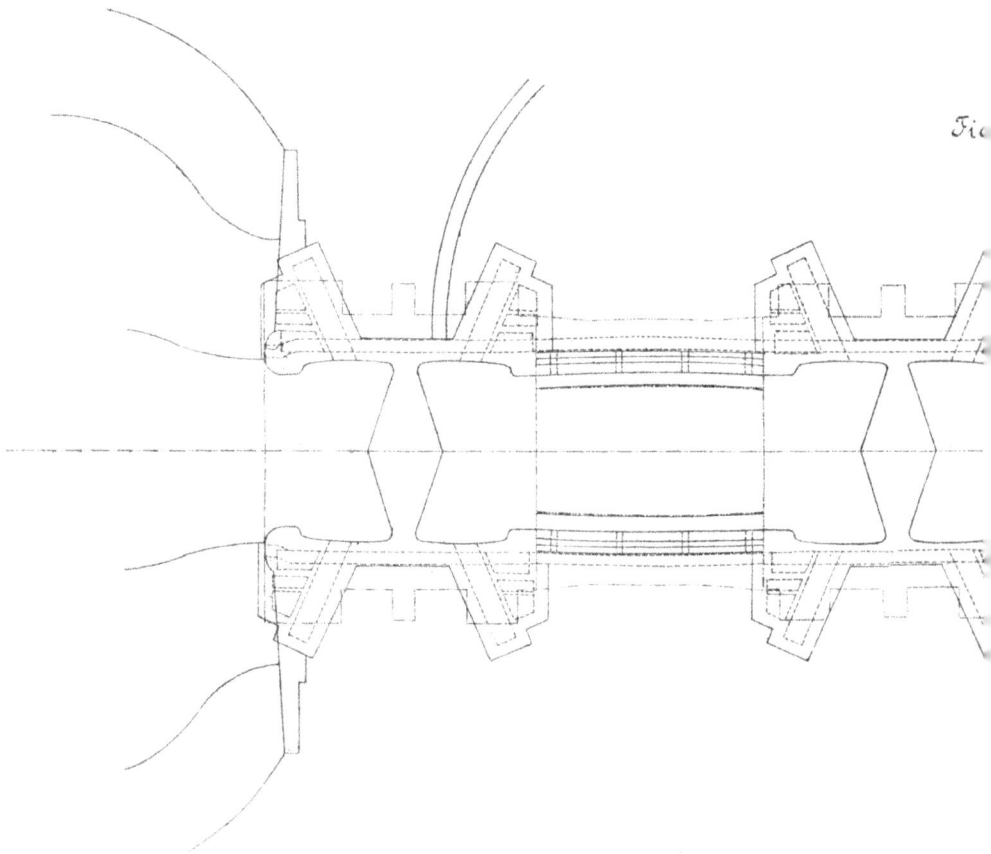

VERLAG VON

fmuiden.

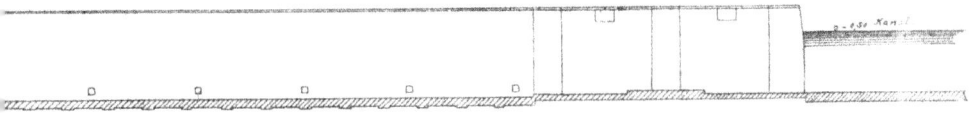

0 - 050 Kanal

50 m

iss.

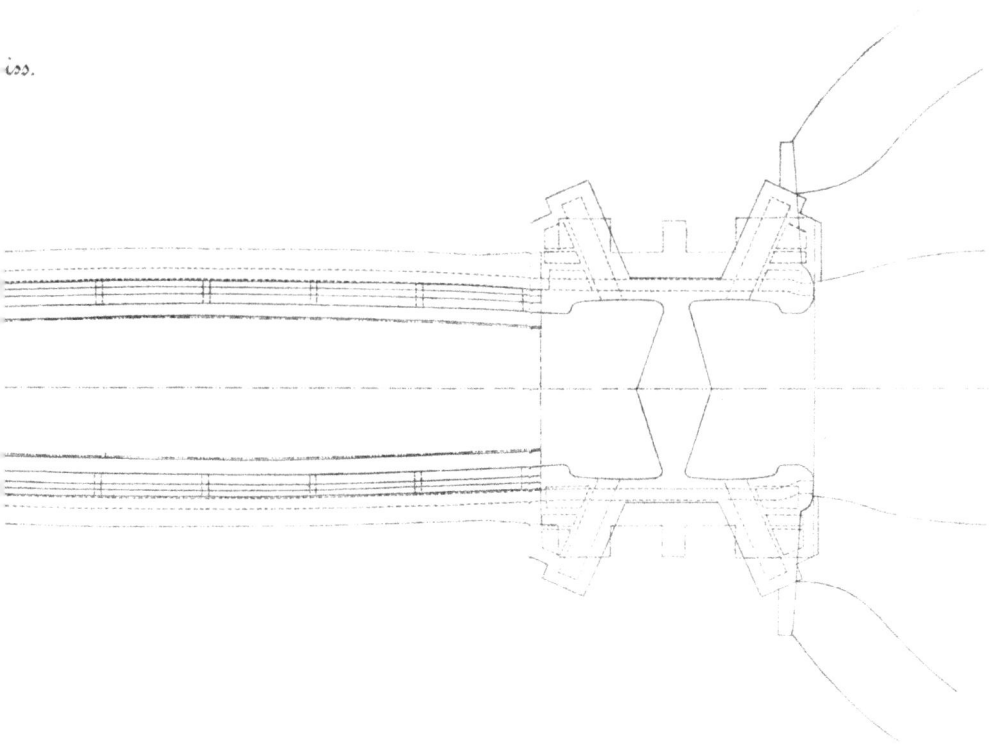

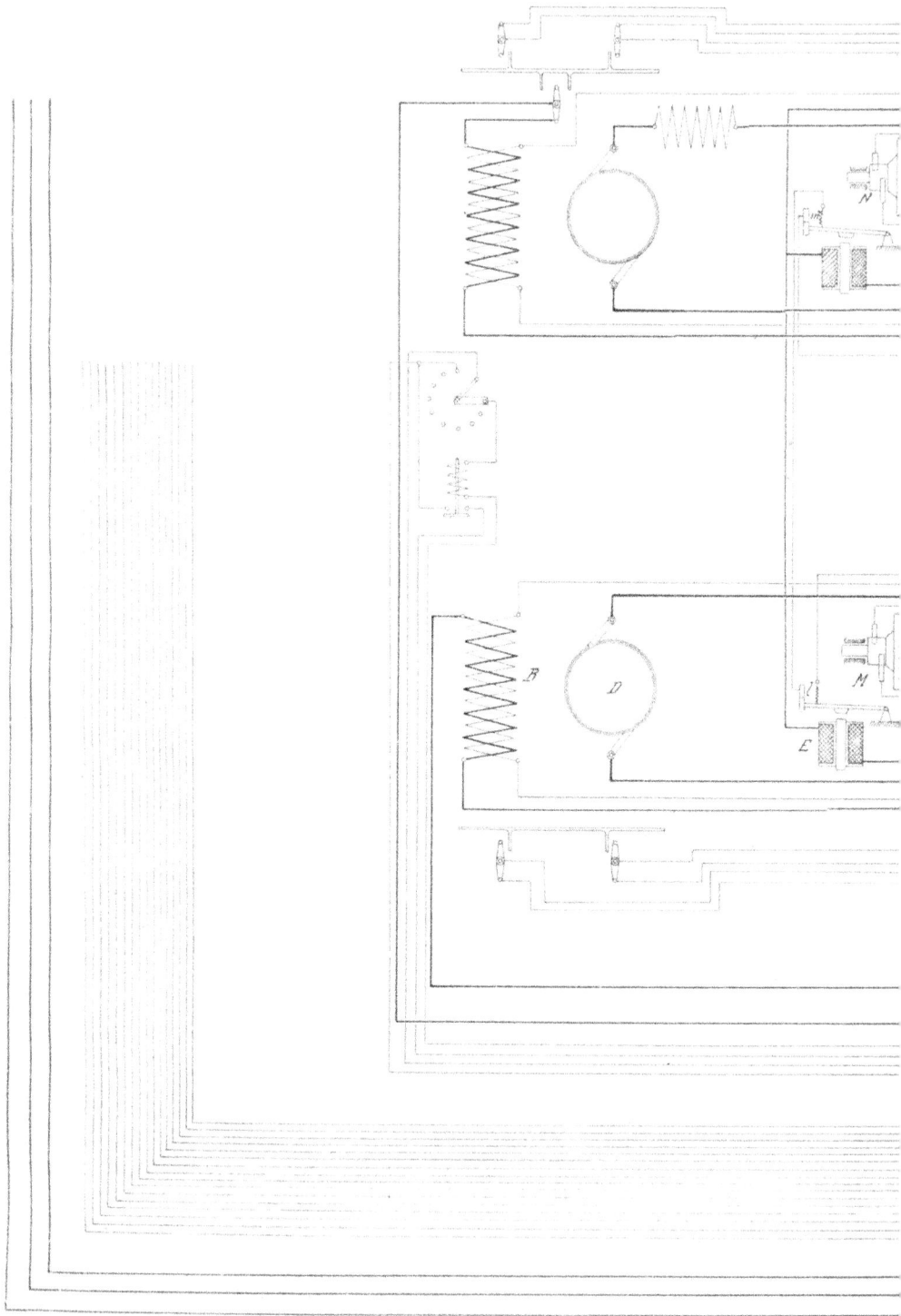

VERLAG VON R OLD

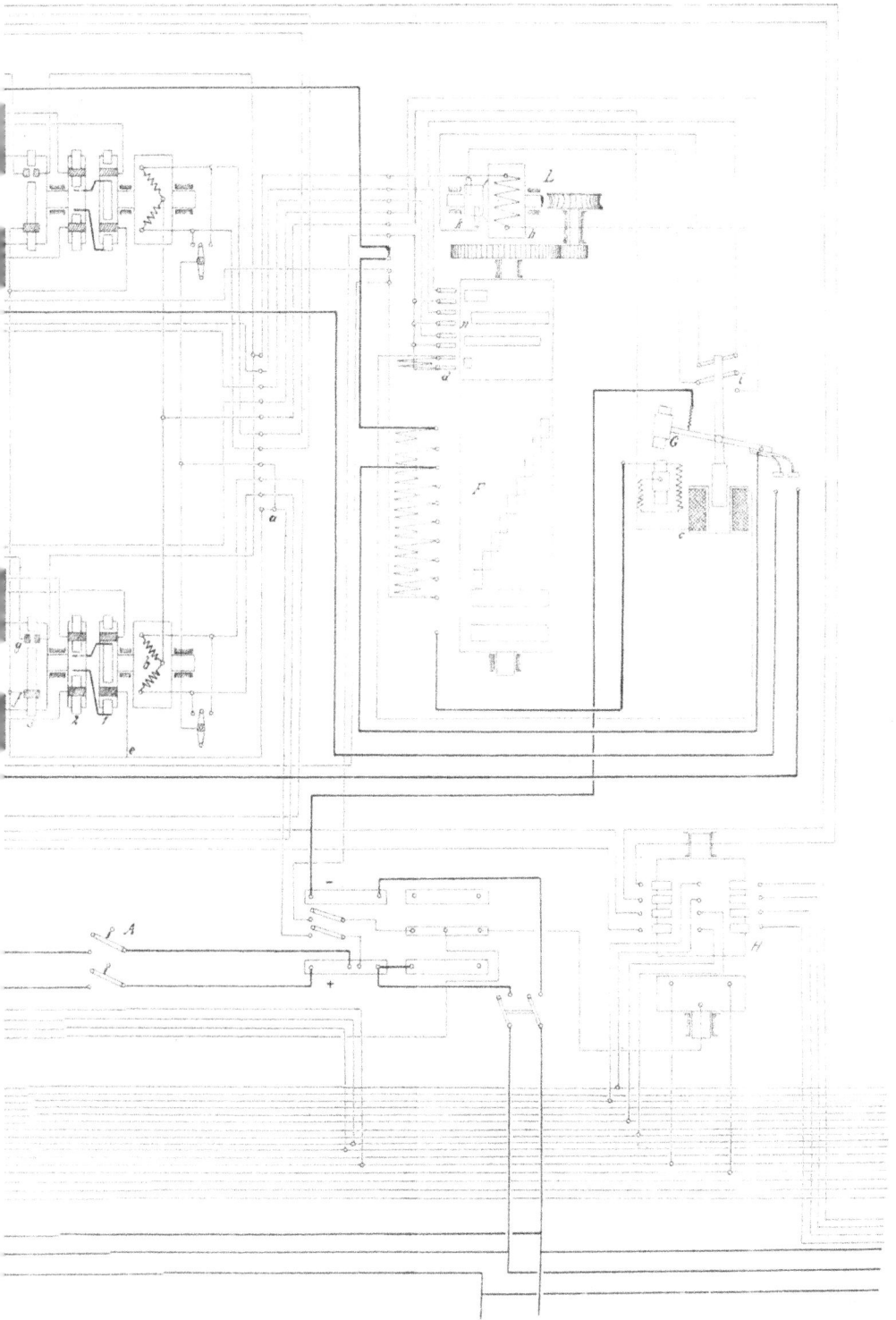